An Sophia: Wage zu wissen!

DIRK BECKERHOFF

An Sophia:
Wage zu wissen!

– Vernunft gegen CO_2-Wahn und Klima-Angst –

Bibliografische Information der Deutschen Nationalbibliothek:
Die Deutsche Nationalbibliothek verzeichnet diese Publikation
in der Deutschen Nationalbibliografie; detaillierte bibliografische

Daten sind im Internet über http://dnb.dnb.de abrufbar.

© 2019 Dirk Beckerhoff

Satz, Herstellung und Verlag:

BoD – Books on Demand, Norderstedt

ISBN: 978-3-7494-0768-2

Inhalt

Prolog	7
1. Der Anfang	15
2. Begriffe und Schlagworte	21
3. Wärme auf der Erde	33
4. Die Erwärmung der Erde: Ursachen und Folgen	41
Anhang: Zur Uneinigkeit innerhalb der weltweiten Klimaforschung	61

Prolog

Liebe Sophia,
erinnerst Du Dich noch an unseren langen Winterspaziergang über den sonnenbeschienenen Nordseestrand von Domburg? Zunächst sprachen wir über dieses und jenes wie Deinen neuen Hockeyschläger, Eure letzte Reise nach Südafrika und die bevorstehenden Skiferien.

Doch dann stockte das Gespräch. Dein versonnener Blick wanderte weit hinaus auf das ruhig glänzende Meer, und plötzlich meintest Du: »Opa, die Mami sagt, dass du alles weißt über den Klimawandel.«

Mein erster Gedanke war: »Na, sieh einmal an! Aus Kindern werden Leute. Meine liebe Enkeltochter Sophia ist mit ihren knapp sechzehn Jahren unverkennbar herangereift zu einer charmanten jungen Dame mit Grips und Humor, die es bestens versteht, ihren alten Großvater um den Finger zu wickeln.«

Geantwortet habe ich Dir dann: »Niemand, wirklich niemand weiß alles über den Klimawandel. Weit eher ist das Gegenteil richtig: Alle zusammen wissen sehr wenig, jeder Einzelne weiß noch weniger über den Klimawandel.«

Ein harmloses Lied reizt die Gemüter
Als Du dann wissen wolltest, warum ich mich überhaupt mit »Klima« beschäftige, erzählte ich Dir die Geschichte vom Klimalied, dessen Text ich bereits 2010 gereimt habe und der wie folgt lautet:

Das Klimalied

In jeder Zeitung musst Du lesen,
das Jahr wär viel zu warm gewesen.
Vergiss ihn doch, den ganzen Driss,
Klimawandel ist Beschiss.

Das warme Klima bekommt uns prima!
Wärme tut dem Menschen gut.
Wärme gibt ihm Kraft und Mut!

Wie lange hast Du Dich geziert!
Wie lange hieß es nur: Mich friert!
Nun ist Dein Herz vom Eis befreit,
zur Liebe, endlich, bist' bereit.

Das warme Klima
bekommt uns prima!
Wärme tut dem Menschen gut.
Wärme gibt ihm Kraft und Mut!

Im Norden hoch den Eskimo
macht jedes Wärmegrädchen froh,
entzückt spricht er zur Eskimöse:
Vergiss das Klimawarngetöse.

Das warme Klima
bekommt uns prima!
Wärme tut dem Menschen gut.
Wärme gibt ihm Kraft und Mut!

Sind lau erwärmt der Meere Fluten,
hörst Du die Grönlandwale tuten.
Und selbst der alte träge Wal
will noch mal, will noch mal!

Das warme Klima
bekommt uns prima!
Wärme tut dem Walfisch gut,
Wärme gibt ihm Kraft und Mut!
Der Rosenstrauch in meinem Garten
musst' lange auf die Wärme warten.

Nun ist er endlich rot erblüht
Und singt, wie wir, das Klimalied:
Das warme Klima
bekommt uns prima!
Wärme tut auch Pflanzen gut.
Allen gibt sie Kraft und Glut.

Ach Ihr da: Auf dem CO_2
brütet auf 'nem leeren Ei.
Stärker als der Welt Natur
ist der Liebe Herrgott nur!

Das warme Klima
bekommt uns prima!
Wärme tut dem Leben gut.
Allen gibt sie Kraft und Glut.

Dieser Reim war mir vom strahlend blauen Winterhimmel her im wahrsten Sinne des Wortes eingefallen während einer herrlichen Skiwanderung in einem vom Sonnenschein überfluteten Hochtal der Tiroler Alpen. Zu der Skitour hatte ich mich aufgemacht, nachdem ich drei nebelig trübe und kalte Tage fast nur im Hotel verbracht und aus reiner Langeweile mehrere dümmlich oberflächliche Artikel zum Thema Erderwärmung gelesen hatte.

Wieder zuhause, zeigte ich den Text einigen Freunden, und auf zufälligem Weg gelangte er in den Bonner General-Anzeiger. Diese Veröffentlichung eines vollkommen harmlosen Reimes löste zu meiner größten Überraschung enormen Protest aus in Form von Leserbriefen, E-Mails, Anrufen und persönlichen Beschimpfungen.

Der Tenor war einhellig: Die drohende Klimakatastrophe ist zu ernst, um damit zu spaßen, der Autor ist verantwortungslos, er offenbart verderbliche Maßlosigkeit, er treibt ein schändliches Spiel mit den Lebensgrundlagen der nächsten Generationen, er glänzt durch Ignorantentum gegenüber der Wissenschaft und so weiter, und so fort.

(Es gab auch einige positive Ausnahmen. Zum Beispiel hat ein Musikstudent aus Köln das Lied vertont und selbst gesungen. Du kannst es hören unter
https://www.youtube.com/watch?v=1n5ledXuAlk).

Plötzlich lag ein Katalog an Beschimpfungen und Verleumdungen auf dem Tisch eines unbedarften und harmlosen Reimverfassers, der komplett ins Leere traf. Warum sollte ich mit der Zukunft meiner Kinder und meiner Enkel spielen? Ihr seid das Wichtigste und Wertvollste, was ich habe. Warum sollte ich wissenschaftliche Arbeiten und Ergebnisse gering achten? Mein gesamtes Berufsleben habe ich wissenschaftsnah und in größter Hochachtung vor seriösen, also nachvollziehbaren und bewiesenen wissenschaftlichen Ergebnissen verbracht. Wie Du selbst bestens weißt, liebe Sophia, liebe ich die Natur und das Leben wie das Arbeiten in der Natur. Bestimmt kannst Du Dich an die Bilder von meinem kleinen Weinberg in Frankreich erinnern, dessen Riesling-Rebstöcke ich seinerzeit in schweißtreibender Arbeit eigenhändig gesetzt und aufgezogen habe.

Aber die Reaktionen auf meinen harmlosen Reim weckten so alte wie ungute Erinnerungen an meine streng protestantische Erziehung. Mit welch schrecklichen Parolen hatte man uns im Katechumenen- und Konfirmandenunterricht wie in den Predigten der wöchentlichen Schul- und Sonntagsgottesdienste von der Kanzel herab tatsächlich abgekanzelt:

Die Erde war ein »Jammertal«, der Mensch war sündig von Geburt an, also: »erbsündig«; der »allmächtige«, »allwissende«, »nichts vergessende« und stets »gerechte persönliche Gott« ließ im Kleinen wie im Großen keine Sünde ungestraft; er sendete Blitz und Donner, Dürren und Überschwemmungen, Hungersnöte und Seuchen, er ließ Türme einstürzen, verbannte die Schlechten nach dem Tod auf ewig in die Gluthitze der Hölle. Schließlich und vor allem konnte

Gott der Allmächtige jederzeit mit einer zweiten »Sintflut« sämtliches Leben auf der gesamten Erde vernichten – und dieses Mal endgültig, also ohne Arche Noah, auf der man als armseliger Junge ohnehin keinen Platz würde ergattern können.

Auch damals ging es um den »rechten Glauben«, um »Gläubige« und »Ketzer«, um »Prediger« und »Zweifler«.

Viel zu lange und viel zu selbstquälerisch hatte ich mich als angstgeplagter Halbwaise mit einer stets sorgenbelasteten Mutter vor Augen mit diesen Parolen herumgeschlagen. Sie warfen riesige Schatten auf meine sonst so sonnigen Jugendjahre.

Der innere Kampf gegen totale und totalitäre Untergangsprophetien hat Spuren hinterlassen. Deutliche Empfindlichkeiten sind mir damals zugewachsen und seither eingefleischt gegenüber fanatischen und doktrinären Bevormundungen durch selbst ernannte »Verkünder«. Deren »Methode« ist stets dieselbe. Mit unbedingtem Wahrheitsanspruch behaupten sie, »das Leben«, »die Zukunft«, »die Welt« und die nach jeweiliger Mode gerade bevorstehende Katastrophe besser zu kennen und zu verstehen als der riesige, aber leider uneingeweihte Rest der gesamten Menschheit. Gestützt auf ihre eigene Kaste von Schriftgelehrten alias Wissenschaftlern fühlen sie sich berufen, »die Welt« zu retten. Und sie maßen sich an, die richtigen Rezepte zur Rettung der Welt vor dem von ihnen selbst erfundenen drohenden Untergang zu kennen. Beherrscht von Fanatismus und Intoleranz ersetzen sie zur eigenen Erhöhung und zur Abschottung von den »Normalen« Wissen durch Glauben; und – natürlich – sie predigen Wasser, während sie selbst Wein trinken.

Wer viel weiß, muss wenig glauben

Jetzt wollte ich es selbst herausfinden: Was hat es auf sich mit »Erderwärmung, Klimawandel und Klimakatastrophe«?

Woraus resultieren diese Aggressivität und dieser Fanatismus?

Niemals hätte ich geahnt, dass mich das Thema fortan derart beschäftigen würde. Selbst nach fast zehn Jahren intensiver Beackerung habe ich es noch nicht zu den Akten gelegt. Heute unterhalte ich mich sogar mit meiner lieben Enkeltochter Sophia über »Klimawandel«.

Damit hatte ich Deine Fragelust entfacht. Wir verstrickten uns in ein spannendes, teilweise gar dramatisches Klima-Kolloquium, in dem Du Deinen armen Großvater mit so überraschenden wie berechtigten Fragen und Einwänden wieder und wieder an den Rand der Kapitulation brachtest.

Nach fast drei Stunden schließlich waren es nicht inhaltliche Klarheit und Übereinstimmung, sondern Müdigkeit, Durst und Hunger, die unserem Disput ein Ende setzten. Zum Abschluss musste ich Dir versprechen, Dir als Zusammenfassung und Ergänzung unseres langen Gesprächs einen Brief zu schreiben.

Du hast gesagt: »Einverstanden, ich bin auch müde. Ich werde dich jetzt in Ruhe lassen. Aber nur unter der Bedingung, dass du mir einen Brief schreibst mit der wahren Geschichte zu Erderwärmung und Klimawandel.«

Großväterliche Versprechen sind Ehrensache. Also habe ich mich an die Arbeit gemacht; eine Arbeit, die sich so unerwartet strapaziös wie unerwartet bereichernd erwies.

Heute sende ich Dir, meiner lieben, charmanten und wissbegierigen Enkeltochter Sophia, das Ergebnis. Du erhältst es zur Erfüllung meines Versprechens und zu Deiner freien Verfügung.

Sollte Dich die Lektüre langweilen oder sogar quälen, beende sie bitte sofort. In diesem Fall hätte ich als Autor versagt. Ich hätte Dir nicht die richtige Geschichte zum Thema »Erderwärmung und Klimawandel« erzählt. Oder ich hätte Dir die richtige Geschichte schlecht erzählt. Denn eines ist ganz sicher: Unter der Überschrift »Erderwärmung, Klimawandel, Klimakatastrophe« hat sich während der letzten dreißig Jahre weltweit eine Geschichte abgespielt, die an Bedeutung, Dramatik und Hysterie nicht zu überbieten, in der Weltgeschichte ziemlich einmalig ist.

»Religion« bedeutet im eigentlichen Wortsinn: »glaubensmäßige Bindung« (an etwas Unbewiesenes oder Unbeweisbares). In diesem Sinne geht es bei »Erderwärmung und Klimawandel« tatsächlich um nicht weniger als um die Entstehung einer neuen und weltweiten Religion. Diese neue Religion trägt sämtliche Merkmale und enthält sämtliche Zutaten, die nach aller Erfahrung der Menschheitsgeschichte zu einer religiösen Massenbewegung dazugehören:

Es geht um den rechten Glauben und die Abtrünnigkeit, um Wahrheit, Lüge und Betrug, um maßlos viel Macht und Geld, um die Schröpfung der Ärmeren zugunsten der Reicheren, um Reichtum und Armut ganzer Staaten oder Völker, um Krieg und Frieden; und für die zutiefst Gläubigen in der »Kirche des Klimawandels« geht es sogar um den Untergang mindestens der gesamten Menschheit, häufig sogar der ganzen Erde.

1. Der Anfang

Um die Klimadebatte richtig einordnen zu können und um zu verstehen, worum es im Kern geht, lohnt sich ein Rückblick in die 1950er-Jahre in das »Atomzeitalter« nach dem Zweiten Weltkrieg. Damals wurde in allen großen Industrieländern der Erde mit größter Begeisterung daran gearbeitet, die bei der Spaltung von Atomkernen frei werdende Energie statt in Kriegen mit Atomwaffen besser für friedliche Zwecke, sprich zur Erzeugung von ungeheuer viel Wärme und vor allem Strom zu nutzen.

Kernenergie, der Traum vom ewigen Energieüberfluss

Die Staaten gründeten riesige Kernforschungszentren, in denen erste Reaktoren zur Kernspaltung gebaut und erprobt wurden. Staatlicherseits stark geförderte Privatunternehmen schlossen sich an und begannen mit dem Bau großer Elektrizitätswerke auf Basis der Atomkernspaltung. Diese Elektrizitätswerke wurden Atom- oder Kernkraftwerke genannt. Sie lieferten einen mit der Zeit stark steigenden Anteil des in der Wirtschaft wie in den privaten Haushalten verbrauchten Stroms. Entsprechend sank die Bedeutung der herkömmlichen Träger sogenannter Primärenergie, nämlich der Kohle, des Erdöls und des Erdgases. Diese Brennstoffe sind in geologischer Vorzeit aus Abbauprodukten von toten Pflanzen und Tieren entstanden, gehören also in die Kategorie »Fossilien«. Darum nennt man sie auch fossile Energieträger oder fossile Brennstoffe.

Zwar sind die weltweiten Vorräte der in Millionen von Jahren entstandenen fossilen Brennstoffe immer noch riesig. Aber sie sind begrenzt, sie sind endlich. Bei anhaltendem Abbau und Verbrauch werden sie eines Tages knapp und letztlich nicht mehr verfügbar sein.

Gegen diese Gefahr der langfristigen Energieknappheit galt es sich zu wappnen. Dazu kam die Kernenergie wie gerufen. Als neue Energiequelle konnte und sollte sie zu den fossilen Energieträgern in Konkurrenz treten und diese schließlich vollständig überflüssig machen.

Die Euphorie ging sogar so weit, dass man in fernerer Zukunft nur noch »Schnelle Brüter« haben werde. Das sind Kernkraftwerke, die über Wärme Strom erzeugen sowie gleichzeitig den zu ihrem Betrieb erforderlichen Brennstoff »erbrüten«, also selbst produzieren. Sie sind unabhängig von spaltbarem Material, genannt »Kernbrennstoff«, das von außen zugeführt werden muss.

Wer wollte bei der Vorstellung solcher sich selbst fütternder und gleichzeitig Strom erzeugender Riesenöfen nicht euphorisch werden! Aber leider führt Euphorie allzu oft zu Einseitigkeit und Unbesonnenheit. Genau dies war beim begeisterten Aufbau der Energieversorgung mit Kernenergie der Fall.

Natürlich wussten die staatlicherseits Verantwortlichen ebenso wie die in Forschung und Industrie Beteiligten vom ersten Tag an, dass bei der Kernspaltung radioaktive Strahlung entsteht. Die radioaktive Strahlung, insbesondere in Art der Neutronenstrahlung, befällt den Reaktor wie die Materialreste der Kernspaltung, und beide strahlen dann unvermeidbar und lebensgefährlich über Hunderte, gar Tausende von Jahren.

Wie hätte man diese Strahlungsgefahren auch übersehen können? Um Kernreaktoren zu entwickeln und zu bauen, braucht man höchst qualifizierte Naturwissenschaftler, an erster Stelle natürlich Kernphysiker, und ebenfalls hoch qualifizierte Techniker. Sie alle kannten die Strahlungsrisiken der Kernenergie sehr genau. Entsprechendes gilt für diejenigen, die in Regierung und Parlament die forschungs- und energiepolitischen Entscheidungen zugunsten der Kernenergie vorbereiteten und letztlich auch die erforderlichen Forschungs-, Entwicklungs- und sonstigen Fördergelder bereitstellten.

Es ging um riesige Beträge. Wer sie erfolgreich »auf den Weg bringen« will, muss seine Aufgabe bestens verstehen.

Euphorie statt Besonnenheit

Aber trotz ihrer unbestreitbar großen fachlichen Qualifikationen haben die Verantwortlichen organisatorisch und politisch entscheidend versagt. Sie haben sich der Herausforderung tödlicher Strahlung über Jahrhunderte nicht rechtzeitig und nicht in angemessener Weise gestellt.

Erst als es zu spät war, wurde erkannt, dass Reaktorsicherheit und Atommüllentsorgung in der Anfangseuphorie über Gebühr vernachlässigt wurden. Während der Staat auch damals schon dazu neigte, sich mit Gesetzen und Verordnungen bis in die hintersten Winkel in das Leben seiner Bürger einzumischen, versagte er völlig, diese Bürger über die von ihm selbst geschaffenen Riesengefahren der Kernenergie befriedigend aufzuklären und sie rechtzeitig auf gesetzlichem Weg vor den Risiken verlässlich zu schützen.

Das konnte nicht gut gehen, und das ist tatsächlich in vielen Ländern nicht gut gegangen; besonders in Deutschland.

»Atom« hatte nach dem Zweiten Weltkrieg den Beiklang »Bombe«. Die schrecklichen Bilder zu Massentod, Verstrahlung und Zerstörung als Folge der Atombomben auf Hiroshima und Nagasaki waren weltweit und ganz tief im menschlichen Bewusstsein verankert. Entsprechend schwelten in der Bevölkerung große Unsicherheit, Unbehagen und Angst gegenüber der Atomtechnik mit ihren unermesslichen Strahlungsgefahren. Diesem stark ablehnenden Grundgefühl war nicht dadurch beizukommen, dass man schlicht und einfach »friedlich« vor »Nutzung der Kernenergie« schrieb.

Die ausgeprägte Atomskepsis großer Bevölkerungskreise existierte anfangs weitgehend lautlos. Sie drang erst in den 1970er-Jahren über eine organisierte und massenhafte Anti-Atomkraft-Bewegung zunehmend in die Öffentlichkeit. Eine neue politische Partei, »Die Grünen«, trat hinzu und trug die Forderungen der Anti-Atomkraft-Bewegung auch in die Parlamente. Zusätzlich untermauert und befördert wurde die Anti-Atom-Bewegung durch die Reaktorkatastrophen 1979 in Harrisburg, USA, und 1986 in Tschernobyl, Ukraine.

Schließlich wurden der öffentliche und der politische Druck gegen die Kernenergie so groß, dass im Jahr 2002 tatsächlich per Gesetz der schrittweise Atomausstieg, zunächst bis zum Jahr 2032, beschlossen wurde.

Im Jahr 2011 allerdings führte eine Naturkatastrophe, ein Taifun über dem Meer vor Fukushima in Japan, zur teilweisen Überflutung des dortigen großen Atomkraftwerks. Die hereinbrechenden Wassermassen lösten eine schreckliche Reaktorkatastrophe mit sehr vielen Strahlungsopfern aus. Mit dieser Katastrophe vor Augen reagierten Bundesregierung und Parlament sehr rasch und sehr entschieden. Die Frist für den Atomausstieg wurde um zehn Jahre verkürzt. Der Endtermin ist nun das Jahr 2022. Acht Kernkraftwerke wurden nach erneuter Sicherheitsüberprüfung im Katastrophenjahr 2011 sofort abgeschaltet.

Ohne Atomausstieg keine Klimadebatte

Du wirst fragen, liebe Sophia, was das alles mit Klimawandel zu tun hat, warum ich Dir das alles erzähle. Diese Frage ist mehr als berechtigt, und die Antwort wird nicht nur Dich überraschen. Sie lautet kurz und knapp: Würde es den Atomausstieg nicht geben, sondern würde stattdessen die Versorgung mit Energie aus Kernkraftwerken weiter auf- und ausgebaut, gäbe es heute keine Debatte über Erderwärmung und Klimawandel.

Jetzt wirst Du erst recht die Stirn runzeln und denken: »Welch steile These! Wie soll ich die denn verstehen? Was haben die Wärme auf der Erde und das Klima mit der Atomenergie zu tun?«

Der Zusammenhang ist nicht auf den ersten Blick erkennbar. Er existiert nicht unmittelbar, sondern nur mittelbar. Er führt über die bereits vor der Atomenergie fest etablierten fossilen Energieträger Kohle, Erdöl und Erdgas. Wie wir gesehen haben, hoffte und glaubte man ursprünglich, dass die fossilen Energieträger längerfristig mit dem Ausbau der Kernenergie überflüssig würden. Sie sollten dauerhaft durch die Atomenergie ersetzt, im Fachjargon »substituiert« werden.

Diese Hoffnung löste sich am Ende des vorigen Jahrhunderts mehr und mehr auf. Ab dem Ende der 1980er-Jahre wurde deutlich, dass sich die Blütenträume zur Kernenergie nicht erfüllen würden. Mit dem Atomausstieg wurde es erkennbar ernst, und die Techniken zur Gewinnung der sogenannten »Erneuerbaren Energie«, vor allem von Sonnen- und Windenergie, standen erst ganz am Anfang. Die Folge des Atomausstiegs würde daher sein, dass die fossilen Energieträger wieder in den Mittelpunkt rückten. Sie würden künftig eher in größerem statt in immer kleinerem Umfang zum Einsatz kommen.

Diese Aussicht weckte vor allem bei umweltbewussten und ökologisch orientierten Menschen Widerspruch und Widerstand. Man kann folglich mit Fug und Recht sagen, dass die Gegner der fossilen Brennstoffe ebenso wie zuvor die Atomgegner überwiegend den Kreisen der Bevölkerung angehören, in denen man sich überdurchschnittlich interessiert und überdurchschnittlich engagiert mit der Umwelt und den Wechselbeziehungen zwischen den Lebewesen und ihrer Umwelt, der sogenannten »Ökologie«, befasst. Beide Bewegungen richten sich gegen Träger von Primärenergie, und beide Bewegungen sind deutlich »grün«.

Zwar hatte das Argument der abnehmenden Versorgungssicherheit deutlich an Bedeutung verloren. Bei den weltweiten Explorationen zu Kohle, Erdöl und Erdgas wurden und werden immer wieder unerwartet viele und riesige Lagerstätten neu entdeckt. In aller Welt werden Jahr für Jahr neue Kraftwerke zur Gewinnung von Energie aus fossilen Brennstoffen in Betrieb genommen, allerdings nicht in Deutschland.

Ein neues Feindbild: Fossile Energieträger

Aber neben »Endlichkeit der Reserven« existierten weitere Gründe, Ansichten und Gefühle gegen die fossilen Energieträger, zum Beispiel »Ausbeutung der Erde«, »Leben auf Kosten der nächsten Generationen«, »Landschaftszerstörung« oder »Ruß und Staub«.

Ähnlich wie »Endlichkeit« sind auch diese Argumente ernst zu nehmen. Aber sie sind bei weitem nicht der eine einzige und allseits unmittelbar akzeptierte Ablehnungsgrund, wie er beim Widerstand gegen die Kernenergie mit »Atomstrahlung« gegeben war. Der Widerstand gegen die Kernenergie musste nicht großartig begründet werden. Der Grund für die Ablehnung lag und liegt seit jeher offen und für jedermann nachvollziehbar auf dem Tisch. Er besteht naturgesetzlich in den immensen und schier unendlich lange anhaltenden Gefahren der mit der Kernspaltung untrennbar verbundenen radioaktiven Strahlung. Ein solches »Fundamentalargument« gegen die fossilen Energieträger gab es nicht. Argumentativ standen die sich in den 1990er-Jahren zunächst nur lose formierenden Gegner fossiler Energieträger mit vergleichsweise leeren Händen da. Wollten sie gegen Kohle, Erdöl und Erdgas, also das bis dato zentrale, von mächtigsten Interessen bestimmte und Tausende von Milliarden Euro schwere Geschäft mit den fossilen Energieträgern ähnlich erfolgreich kämpfen, wie es den Atomgegnern bereits gelungen war, brauchten sie – neben dem allseitigen Vertrauen in die »Erneuerbaren Energien« als Lückenfüller – unbedingt ein mindestens so starkes, naturgesetzlich abgesichertes und weltweit durchschlagendes Argument.

Die fossilen Energieträger bestehen aus Kohlenstoffverbindungen. Kohlenstoff heißt auf Englisch »carbon«. Wer gegen fossile Energieträger ist, plädiert für »Dekarbonisierung«.

Dringendst gesucht wurde gegen Ende des letzten Jahrhunderts d a s durchschlagende Argument für die Dekarbonisierung.

Es wird Dich nicht überraschen, liebe Sophia, dass diese argumentative Wunderwaffe bei »Erdwärme und Klima« gesucht wurde. Der Suche lag die sich damals rasch verbreitende Vermutung zugrunde, der Mensch greife durch den Auf- und Ausbau großer Industrien erstmals in der gesamten Erdgeschichte aktiv in das Klimageschehen ein, dem er seit jeher nur passiv gegenübergestanden hatte; es gäbe also eine menschenverursachte (anthropogene) Erwärmung der Erde samt davon verursachter bedeutender und weltweiter Klimaveränderungen.

Damit sind wir also endlich bei unserem eigentlichen Thema angelangt.

2. Begriffe und Schlagworte

Wir wollen zunächst einige Begriffe klären. Worüber werden wir sprechen? Vermutlich ist Dir trotz Deiner jungen Jahre bereits aufgefallen, dass Begriffe sehr wichtig sind. Richtige Begriffe erleichtern die Verständigung entscheidend, und mit unpräzisen, schrägen oder gar falschen Begriffen kann man Reaktionen auslösen, die mit sachgerechten Begriffen nicht ausgelöst würden.

Mit Begriffen manipulieren

Manipulative Begriffe sind Schlagworte. Sie erschlagen von vornherein jegliches Nachdenken. Sie lösen unüberlegte Reflexe wie Wut, Angst, Sorge oder gar Verzweiflung aus.

Das kannst Du selbst ausprobieren. Wenn Du das nächste Mal Kopfschmerzen hast, sprich darüber getrennt mit Deiner Mutter und Deinem Vater. Der Mutter sagst Du: »Ich habe Migräne.« Dem Vater sagst Du: »Ich habe ziemliches Kopfweh.« »Migräne« bedeutet fast dasselbe wie »ziemliches Kopfweh«, aber eben nur fast. »Migräne« ist sehr starkes Kopfweh mit Nebenerscheinungen, beispielsweise Erbrechen, und außerdem ein Fremdwort. Allein deshalb klingt »Migräne« wichtiger, rätselhafter und dramatischer. Entsprechend heftiger, besorgter und fürsorglicher als Dein Vater wird Deine Mutter reagieren; auch unabhängig davon, dass Mütter derartige Mitteilungen in aller Regel »aufmerksamer« aufnehmen.

Schließlich können Begriffe helfen, dass eigentlich Unbewiesenes und daher »schwer Begreifliches« »be-griffen« wird im Sinne von »verstanden«, »akzeptiert« und schließlich sogar »geglaubt«. Das Paradebeispiel ist der Begriff »Gott«. Ohne die konkrete Benennung der sonst nur sehr vagen Ahnung, Vorstellung oder Vermutung einer übermenschlichen Größe, Macht, Allmacht oder Ähnlichem könnte es »Gott« im praktischen Leben gar nicht geben. Der Glaube an die Existenz eines Gottes wird erst über den Begriff »Gott« ermöglicht, und er wird über den Begriff im allgemeinen Leben verankert.

»Gott sei Dank«, »Um Gottes willen«, »Grüß Gott«, »gottgefällig«, »gottesfürchtig« beispielsweise sind Begriffe des alltäglichen Lebens, die einem zwar unbewiesenen, aber geglaubten Gott zur praktischen Existenz verhelfen.

Goethe, der Dichterfürst der Deutschen, hat einmal geschrieben: »Dort, wo die Begriffe fehlen, stellt zur rechten Zeit ein Wort sich ein.«

Heute und als naturwissenschaftlich höchst interessierter Mensch wäre er Kenner der Debatte um »Klimawandel und Co.«. Darum würde er heute vermutlich schreiben:

»Dort, wo die Beweise fehlen, stellen zur rechten Zeit sich die Begriffe ein.«

Um die Bedeutung von Begriffen wussten auch die Forscher und Wissenschaftler, die gegen Ende des vorigen Jahrhunderts in die Wetter- und Klimaforschung drängten. Wie wir gesehen haben, kam damals die Atom- und Kernphysik zunehmend ins Abseits. Kernkraftwerke und Atomstrom galten immer deutlicher als »Auslaufmodelle«. Die damit verbundene Forschungs- und Entwicklungsarbeit wurde weltweit stark zurückgefahren. Große staatliche Forschungszentren wurden umgewidmet oder sogar ganz geschlossen.

Entsprechendes geschah in der Industrie.

Die in Physik und Mathematik bestens ausgebildeten Mitarbeiter suchten selbst dringend neue Aufgaben. Aber auch der Staat als Initiator und Förderer der Atomenergie fühlte sich verantwortlich, für neue Aufgaben, sprich adäquate Arbeitsplätze, in der physikalisch-naturwissenschaftlichen und im weitesten Sinne umweltorientierten Forschung zu sorgen.

Personaltransfer

Die Erforschung und Entwicklung von technischen Verfahren und Anlagen zur Erzeugung von Strom aus Sonnen- und Windenergie, die Entwicklung »Erneuerbarer Energie« standen als Konsequenz aus dem »Aus« für die Atomenergie naturgemäß an erster Stelle.

Allerdings konnte es angesichts eines am Ende des letzten Jahrhunderts allgemein zunehmenden Interesses an außergewöhnlichen Wetterlagen und Wetterereignissen ebenfalls wenig überraschen, dass die Wetterkunde (Meteorologie) und als deren langfristiger Anhang die Klimakunde (Klimatologie) stark wachsende Beachtung fanden.

Auffällige Großwetterereignisse wie extreme Stürme, Überflutungen oder Dürren hatte es seit jeher und früher oftmals auch deutlich dramatischer gegeben.

Nun standen Wetterauffälligkeiten freien Forschungskapazitäten und viel Geld gegenüber

Sie kamen wie gerufen, um dem wachsenden Interesse an der langfristigen Entwicklung des Wetters in der Vergangenheit wie voraussichtlich in der Zukunft, verkürzt gesagt dem wachsenden Interesse am »Klima«, durch systematische und umfassende Forschung zu entsprechen. Es keimte ein regelrechter Boom der Wetter- und dann bald auch der längerfristigen Klimaforschung. Chancenreiche Forschungsmöglichkeiten mit gut dotierten Fördertöpfen zeichneten sich ab. Diese Ansätze galt es im Interesse der eigenen beruflichen Zukunft zu stärken. Die allgemeine Öffentlichkeit, die Politiker und damit letztlich diejenigen, die die ersehnten Forschungsgelder bewilligen, mussten größtmöglich beeindruckt und alarmiert werden – auch und vor allem über »prägnante Begriffe«, über Schlagworte.

Zwar ging es in der Sache vordergründig zunächst »nur« darum, die Entwicklung der Erdtemperatur während der letzten etwa zweihundert Jahre genauer zu erforschen. Neutral und sachlich zutreffend hätte das Forschungsgebiet darum »Entwicklung der Erdtemperatur« heißen müssen. Aber das wäre ein viel zu blasser Begriff gewesen, um an das wirklich große Forschungsgeld zu gelangen. Also besann man sich auch dieses Mal auf einen zur Erlangung von Forschungsgeldern sehr beliebten und großen Erfolg versprechenden »Trick«: Einfach gesagt bedeutet »Forschen«, Nichtwissen in Wissen zu verwandeln. Wenn etwas unbekannt und gerade darum zu erforschen ist, kann das richtige Ergebnis erst am Ende der Forschungsarbeit auf dem Tisch liegen. Doch leider lässt sich Forschung mit dieser Wahrheit allein nur sehr, sehr schlecht verkaufen.

Forschungsförderung: Geld nur für Ergebnisse

Wenn es um große Fördersummen und eine entsprechend große öffentliche Aufmerksamkeit geht, entscheiden die Förderinstanzen, wie zum Beispiel staatliche Forschungsministerien oder private Organisationen zur Forschungsförderung keineswegs nur aus reinem Wissens- und Erkenntnisdrang, also nur »aus Spaß an der Sache«.

Im Gegenteil: Großforschung wird dann gefördert, wenn bereits vor der Förderentscheidung mit ziemlicher Sicherheit absehbar ist, dass die Forschungsergebnisse den handfesten Interessen der Förderer und der hinter diesen stehenden Geldgebern entsprechen werden. Sie wollen das Forschungsergebnis wenigstens im Grundsatz kennen, bevor sie die Forschungsmittel überhaupt bewilligen. »Wer zahlt, schafft an!«

So war und ist es auch heute noch bei den überaus öffentlichkeitswirksamen Themen »Menschenverursachte Erderwärmung« und »Klima«, an die sich riesige Interessen knüpfen und zu deren Erforschung Riesensummen aufgewendet werden. Die Geldgeber möchten möglichst sicher sein, dass das spätere Ergebnis die vorangehende Förderung tatsächlich rechtfertigt.

Die Antragsteller durchschauten die Lage innerhalb der Förderszene bestens und machten sie sich zunutze. Wissenschaftlich nicht korrekt, aber kaufmännisch überaus erfolgreich wurden Begriffe propagiert, die nicht nur wichtige, aufrüttelnde sowie Angst und Schrecken verbreitende Forschungsergebnisse versprachen, sondern auch Ansätze zu deren Eingrenzung, wenn nicht gar Verhinderung erahnen ließen. Es konnte also keine Zweifel daran geben, dass es in Politik und Öffentlichkeit akzeptiert wurde, diese Forschung mit schier unglaublichen Riesensummen zu ermöglichen und zu fördern.

Mit Parolen zum Geld

Die drei tatsächlich durchschlagenden Paradebegriffe aus dieser Zeit lauten bis heute:

»Erderwärmung« will
sagen:
Es ist bereits auf der gesamten Erde wärmer geworden,
und aufgepasst:
Es könnte künftig noch viel wärmer werden!
(Die Erde bekommt Fieber!)

»Klimawandel« will
sagen:
Das Klima auf der Erde unterliegt einem
außergewöhnlichen und anhaltenden,
von Menschen verursachten Wandel!

»Klimakatastrophe« will
sagen:
Durch den von Menschen verursachten Klimawandel
droht der gesamten Erde eine Katastrophe!

Zu diesen Begriffen wurden nahezu weltweit und in kürzesten zeitlichen Abständen Aufsätze, Artikel und Pamphlete veröffentlicht, die mehr oder weniger unverhohlen zwei Botschaften lancierten:

1. Die Klimaaussichten sind düster.
2. Wer sie aufhellen will, muss die Verbrennung fossiler Energieträger reduzieren.

Begriffe und Veröffentlichungen zeigten enorme Wirkung

Etwa ab 1990, im letzten Jahrzehnt des vorigen Jahrhunderts, wurde quasi über Nacht zu Fragen von Wärme und Klima auf unserer Erde unvorstellbar viel recherchiert, gemessen und gezählt. Man startete aufwändige Forschungsreisen, beispielsweise für Eiskernbohrungen. Höchst komplizierte Simulations- und Prognosemodelle wurden auf Computern mit enormem Datenhunger und riesiger Rechenkapazität in unzähligen Rechengängen wieder und wieder getestet, angepasst und auf möglichst plausible Ergebnisse hin getrimmt. Rings um den Globus hielt man Tagungen und Konferenzen ab. Schließlich und vor allem wurde geschrieben, veröffentlicht und vorgetragen.

Die Veröffentlichungen und Vorträge nahmen nach Zahl, Umfang und Kompliziertheit rasant zu. Zu ein und derselben Frage wurden Antworten publiziert, wie sie trotz ihres einheitlich dramatischen Grundtons im Inhalt unterschiedlicher und widersprüchlicher nicht hätten sein können.

Kein Wunder also, dass selbst dem engagiertesten und verständigsten Leser eher schwindelig werden musste, als dass er einen verlässlichen Überblick über tatsächlich gesicherte Ergebnisse im Unterschied zu wissenschaftlich verbrämten Vermutungen, Schätzungen oder Spekulationen gewinnen konnte. Die wenigen Weizenkörner echter wissenschaftlicher Ergebnisse und Erkenntnisse waren auch für den engagiertesten Einzelnen im riesigen, flutartig anwachsenden Haufen der weltweit produzierten, meistens auf Sensation und Katastrophe ausgerichteten Wissenschaftsspreu nicht mehr auffindbar. Die Wetter- und Klimawissenschaft bot alles, was zu einem wohlbestellten Wissenschaftszweig dazugehört. Nur an einem fehlte und fehlt es ihr bis heute: an eindeutigen und wissenschaftlich zweifelsfrei bewiesenen Ergebnissen samt gesicherter Belege. In der Klimaforschung regiert:

Glauben statt Wissen

Hierauf werden wir später zurückkommen und uns dann auch mit den Gründen dafür befassen, dass auf weiten Teilgebieten der Klimaforschung sehr wenig gewusst wird und entsprechend sehr viel geglaubt werden muss. Unsicherheit und Ratlosigkeit in Politik und Öffentlichkeit waren und sind bis heute die Folge. Den unüberschaubaren Wust konnten die Wissenschaftler selbst sowie erst recht die Politik und die interessierte Öffentlichkeit nur noch achselzuckend zur Seite legen. Aber Achselzucken ist keine Antwort auf die von der Klimaforschung selbst provozierten und auch darum immer häufiger gestellten Fragen, ob es auf der Erde wärmer geworden ist, ob es wärmer werden wird, welche Folgen eine tatsächlich bereits eingetretene Erwärmung hatte sowie eine künftig eintretende Erwärmung haben wird. Daher beschlossen im Jahr 1998 die Vereinten Nationen, zusammen mit dem Weltverband der Meteorologen, unter dem Dach der Vereinten Nationen mit Sitz in New York eine Art »Clearingstelle« zur Sichtung, Bewertung und Zusammenfassung wetter- und klimawissenschaftlicher Arbeiten zu schaffen. Sie gaben ihr den Namen: »International Panel On Climate Change (IPCC)«.

Du siehst, auch hier enthält der Begriff, nämlich Change (Wandel), bereits das Ergebnis. Zur Ehrenrettung der Beteiligten aus Deutschland sei erwähnt, dass hierzulande diese klimawissenschaftliche Sichtungs- und Aufräumstelle ganz neutral als »Weltklimarat« bezeichnet wird.

Es gibt kein Erdklima

»Klima«, verstanden als »Erdklima«, ist ein sinnloser Begriff. Ein Erdklima gibt es nicht und kann es definitionsgemäß auch gar nicht geben.

Dir wird unmittelbar einleuchten, dass zum Beispiel im tropischen Regenwald ein völlig anderes Klima herrscht als in der Sahara. Hörst Du jemanden generell vom »Erdklima« oder vom »Klima auf der

Erde« reden, so kannst Du Deine schönen Ohren sofort zuklappen. Du weißt dann, dass es sich um Unsinn handelt. Um derartigem Unsinn auszuweichen, vereinbaren wir an dieser Stelle, wenn der Begriff »Klima« auftaucht, stets »einer Zone«, »eines Gebietes« oder »einer Region« hinzuzudenken.

Kurz nachdem ich dies geschrieben hatte, erfuhr ich in den Nachrichten, dass von Schweden ausgehend Schüler damit begonnen haben, freitags »gegen Klimawandel« zu protestieren – und dafür die Schule schwänzen.

Mein erster Gedanke war: »Dann können diese Schüler auch gegen den Weihnachtsmann oder für den Osterhasen demonstrieren.«

Das klingt in Deinen Ohren sicher sehr viel böser, als es von mir tatsächlich gemeint ist. Für jugendlichen Idealismus habe ich viel Sympathie. Mein Hohn und Ärger richten sich nicht auf die protestierenden Schüler. Sie gelten den vielen, vielen verantwortungslosen »Klimaakteuren« in Wissenschaft, Politik, Umweltbürokratie und Öffentlichkeit, die nicht nur zusehen, wie ihre »Szenarien« und Horrormeldungen zum »Klimawandel« den Idealismus der Heranwachsenden völlig fehlleiten, sondern diese Fehlleitung zum eigenen Propagandavorteil sogar noch fördern. Ein genauerer Blick auf die Plakate der Demonstranten zeigt, dass sie unwissentlich Opfer des unsinnigen Begriffs »Klimawandel« geworden sind. Sie können nicht nur nicht gegen ein Phantom protestieren, sie wollen es überhaupt nicht. »Klimawandel« hat sich in vielen Köpfen festgesetzt als Sammelbegriff für ganz konkrete Fehlentwicklungen in sehr unterschiedlichen Teilbereichen der Umwelt. Auf einem Plakat geht es gegen »Plastikmüll«, auf einem anderen gegen »Luftverschmutzung«, auf einem dritten gegen »Massentierhaltung«. Etliche weitere Beispiele könnte ich Dir nennen. Sie haben sämtlich mit »Klimawandel« nicht zu tun.

»Klimawandel« ist zum Schlagwort verkommen

Das Schlagwort vom »Klimawandel« wird massenhaft im Sinne von »Übel dieser Welt« missbraucht und je nach Bedarf heute mit diesem und morgen mit jenem »Stein des Anstoßes« gefüllt, frei nach Shakespeare: »Wie es euch gefällt«.

Damit ist es an der Zeit, dass wir eine zweite Verabredung treffen.

Wir wollen begriffstreu bleiben. Wir wollen uns dieser »Unsitte« entziehen, mit »Klimawandel« Vorstellungen und Gedanken, also gedankliche Beigaben (»Assoziationen«) zu verbinden von erdumspannendem Unheil, von Katastrophen und Untergang. Das mag von etlichen Klimaforschern und Umweltpolitikern so gewollt, inszeniert und manipuliert sein, ist aber falsch. Wir wollen daran festhalten, dass »Wandel« ein Begriff ist mit neutralem Inhalt.

Was wandelbar ist, kann sich sowohl zum Guten als auch zum Schlechten wandeln

Das gilt natürlich auch für das Klima.

Wer sagt denn, dass wir in heutigen Dürregebieten in dreißig oder vierzig Jahren nicht üppige Weiden und fruchtbare Felder finden werden? Und wer kann es guten Gewissens wagen, in jedem besonders außergewöhnlichen Wetterereignis sofort den heraufziehenden Wandel des Klimas – natürlich zum Schlechten – zu erkennen?

Eine Schwalbe macht noch keinen Sommer ...

... sagt der Volksmund völlig zurecht. Genauso richtig ist, dass ein heißer Sommer aus Zentraleuropa keine Wüste und dass ein schneereicher Winter aus Oberbayern kein subarktisches Schneegebiet machen.

Wer etwas zum Klima und dessen Veränderung sagen möchte, benötigt mindestens tägliche, möglichst sogar stündliche Wetteraufzeichnungen über einen langen Zeitraum von mindestens dreißig Jahren zu:

- Temperatur der erdnahen Luft (Höchstwerte, Tiefstwerte, Tagesdurchschnittswerte)
- Sonnenscheindauer
- Niederschlagsmengen nach Niederschlagsarten
- Windverhältnissen (Höchstwerte, Geringstwerte, Tagesdurchschnittswerte): Stärke, Dauer, Richtung

Erst aus diesen vielen, vielen einzelnen Messdaten zum tatsächlichen Wetter für mindestens dreißig Jahre lassen sich Durchschnittswerte berechnen, die aussagekräftig sind zu den Klimaeigenschaften der betreffenden Region. Erst diese Riesenmengen an tatsächlich und langfristig beobachteten Wetterdaten geben Auskunft, ob und gegebenfalls in welche Richtung sich das Klima dort, nur dort wandelt. Bei allen Aussagen, die sich auf Werte von weniger als dreißig Jahren stützen, handelt es sich ganz schlicht und einfach um Aussagen zum – allerdings oft sehr, manchmal sogar extrem launischen – Wetter.

Vielleicht erinnerst Du Dich an unser Roulettespiel am vergangenen Silvesterabend. Wir haben über Deine Frage diskutiert, ob es keine Strategie gäbe, die mit Sicherheit zum Gewinn führen würde. Schließlich waren wir uns einig, dass es eine solche Strategie nicht gibt. Am Ende gewinnt immer das Kasino.

Zwar gibt es vor jedem neuen Spiel für jede der sechsunddreißig Zahlen plus der Null dieselbe Gewinnchance von eins zu siebenunddreißig, aber bis sich diese Chancenverteilung tatsächlich in den Gewinnzahlen widerspiegelt, bis also die Kugel auf jede Zahl gleich oft gefallen ist, können Wochen, ja Monate andauernden Spiels vergangen sein. Und während dieser langen Spielzeit kann es zu den erstaunlichsten Verteilungen der Gewinnzahlen kommen. Man hat am Roulettetisch außerhalb jeder Wahrscheinlichkeit die überraschendsten Ergebnisreihen gesehen; lange Reihen mit ausschließlich ungeraden oder geraden Zahlen, lange Reihen mit ausschließlich Schwarz oder Rot, lange Reihen mit ausschließlich Zahlen ein und desselben Viererblocks und so weiter. Nun nimm bitte die in einem Spiel jeweils gefallene Zahl als »Wetter«. Dann entspricht erst die sehr, sehr lange Zahlenreihe dem »Klima«, in der tatsächlich die genannte Gewinngleichverteilung von jeweils einem Siebenunddreißigstel für jede Zahl plus der Null wiedergegeben ist. Du siehst: Um vom tatsächlichen Roulettewetter, nämlich der aktuell gefallenen Zahl auf das langfristig gesetzmäßig geltende Rouletteklima schließen zu können, braucht man viele, viele tatsächliche Daten und noch viel mehr Geduld.

Vor allem an Geduld mangelt es in der heutigen sensations- und katastrophengierigen Klimadebatte.

Klimadaten sind zwingend immer und Wetterdaten meistens Durchschnittswerte. Klimadaten sind nicht mehr und nicht weniger als abstrakte Rechenergebnisse aus ursprünglich tatsächlich gemessenen oder, wie wir leider noch sehen werden, allzu oft nur geschätzten Wirklichkeitswerten.

In der Meteorologie und erst recht in der Klimatologie wimmelt es nur so von Durchschnittswerten.

Durchschnitte haben es an sich, dass man sie in der Wirklichkeit nicht wiederfindet.

Nur bei sehr wenigen Durchschnittswerten, beispielsweise zur Lufttemperatur oder zur Regenmenge, besteht die minimale Chance, dass man sie zufällig an einem bestimmten Ort und zu einer bestimmten Zeit tatsächlich erlebt. Dagegen bleiben Durchschnitte, die Wahrscheinlichkeiten beschreiben oder die sich auf sogenannte »ganzteilige Ereignisse« beziehen, für ewig in den Statistiken gefangen.

Das kannst Du Dir rasch selbst klarmachen. Frage Dich zum Beispiel einmal, ob Du jemals von Regentropfen durchnässt worden bist, die mit einer 80-prozentigen Wahrscheinlichkeit behaftet tatsächlich vom Himmel gefallen sind.

Oder hast Du jemals eine »durchschnittlich fruchtbare« Mutter mit 1,8 Kindern oder eine »durchschnittlich ausgestattete« Hockeyspielerin mit 2,7 Schlägern tatsächlich getroffen? Die Antworten lauten natürlich sämtlich: Nein!

In der aktuellen Wetterwirklichkeit regnet es oder es regnet nicht. Die Mutter hat entweder nur ein Kind oder sie hat zwei Kinder. Die Hockeyspielerin hat entweder nur zwei Schläger oder sie hat drei Schläger. Wahrscheinlichkeitswerte sind irreale statistische Werte, die in Büchern, Aufsätzen, Nachrichten oder Diskussionen zuhause sind. In der Wirklichkeit herrschen »Ja« oder »Nein«, oder es geht in der Wirklichkeit um natürliche, das heißt ungebrochene positive Zahlen, angefangen bei eins.

Alles andere sind abstrakte Rechenergebnisse, die »Eindrücke«, »Vermutungen«, »Tendenzen«, »Wahrscheinlichkeiten« oder Ähnliches, jedoch niemals die tatsächlich stattfindende, die tatsächlich zu beobachtende und die tatsächlich zu erlebende Wirklichkeit beschreiben.

3. Wärme auf der Erde

Hoffentlich habe ich Dich mit diesem für unser Thema zwar zentralen, dennoch trockenen Bereich der Begriffe, Definitionen und Durchschnitte nicht zu sehr strapaziert. Wir verlassen ihn jetzt und wenden uns der alles weitere entscheidenden Antwort auf unsere Ausgangsfrage zu:

Wie hat sich die Wärme auf der Erde während der letzten einhundertfünfzig Jahre entwickelt?

Nur dann, wenn es auf der Erde tatsächlich nachhaltig und im historischen Vergleich ungewöhnlich stark wärmer geworden ist, nur dann also, wenn die Erdtemperatur tatsächlich zweifelsfrei und historisch auffällig gestiegen ist, macht es überhaupt Sinn, dass wir uns mit den möglichen Ursachen dieser Erwärmung, mit ihren Folgen für das Wetter und letztlich auch für das Klima befassen.

Als ich mir vor vielen Jahren erstmals klargemacht habe, wovon die Rede ist, wenn es um »Erdwärme« geht, war ich sehr überrascht und habe vor mich hin gemurmelt: »Na dann! Herzlichen Glückwunsch!« Bis dahin hatte ich zur Erdwärme, wenn überhaupt, nur eine verschwommene Vorstellung. Ab und an war bereits der Satz gefallen: »Die Erde hat Fieber.« Bei uns Menschen misst man Fieber entweder unter der Zunge, in einer der beiden Achselhöhlen oder »rektal«, also im Popo. Damals trug ich vermutlich das vage Bild mit mir herum, dass es auch auf der Erde wohl mindestens eine Stelle geben werde, an der man ein Thermometer platzieren kann, das dann die Temperatur der Erde angibt. Aber diese Vorstellung liegt völlig daneben.

Bei »Erdwärme« geht es um die Temperatur der erdnahen Luft.

Luft hat keine Löcher und Luft bewegt sich ständig. Sie strömt, wirbelt, stürmt oder vollführt sonstige Luftbewegungen. Auf keinen Fall steht sie still, und erst recht hat sie auf keinen Fall überall auf der Erde zur selben Zeit dieselbe Temperatur. Folglich muss es sich bei »Erdwärme« um etwas Unwirkliches, nur in der menschlichen Phantasie Vorgestelltes, also um etwas »Imaginäres« handeln.

Das hattest Du, kluge junge Dame, während unseres Strandgesprächs sofort durchschaut und spontan gefragt: »Wie kann man denn die Wärme der Erde überhaupt messen?« Diese Frage hatte ich mir damals endlich auch gestellt: Wie will man die erste große Unbekannte der Klimaforschung, nämlich die nur als theoretische Rechengröße existierende Erdwärme tatsächlich messen, und dies sogar für die letzten einhundertdreißig bis einhundertfünfzig Jahre?

Als die Frage schließlich auf dem Tisch lag, wurde mir sehr schnell klar, dass es sich bei der Bestimmung der Erdwärme um eine unendlich schwierige, eine echte Herkulesaufgabe handelt.

(Herkules war im alten Griechenland ein Halbgott mit übermenschlicher Stärke. Die Götter hatten ihn als Strafe dafür, dass er im Wahnsinn seine Frau und seine drei Kinder erschlug, über zwölf lange und furchtbar harte Jahre mit eigentlich unlösbar schweren Aufgaben bestraft, die er aber sämtlich erfüllte.)

Wie das bei tatsächlich sehr schwierigen Aufgaben oft der Fall ist, klingen sie in der Theorie zunächst recht einfach:

Es gilt an ausreichend vielen Messpunkten zu Lande wie auf dem Wasser Thermometer aufzustellen, diese Thermometer über einen Zeitraum von einhundertfünfzig Jahren mindestens alle sechs Stunden abzulesen und die Ableseergebnisse zu dokumentieren, um sie zunächst pro Messpunkt in durchschnittliche Tages-, Monats- und Jahreswerte umzurechnen. Aus diesen Durchschnittswerten pro Messpunkt müssen dann schließlich jeweils die weltweiten Durchschnitts- oder Mittelwerte für die ersehnten Tages-, Monats- und vor allem für die Jahres-Erdtemperaturen berechnet werden.

Ist so weit alles klar, liebe Sophia? Wir wollen ein Beispiel bilden:

Dazu müssen wir zunächst festlegen, an wie vielen Messpunkten Thermometer zur Messung der Temperatur der bodennahen Luft installiert werden müssen, um verlässliche Ergebnisse für die ganze Erde zu erhalten.

Die Oberfläche der Erde umfasst insgesamt rund fünfhundertzehn Millionen Quadratkilometer (510.000.000 qkm), wahrhaftig mehr als ein großer Garten. Auf dieser riesigen Fläche müssen wir in »ausreichender« Anzahl und an für das Messgebiet »typischen« Stellen – man spricht von »repräsentativen Positionen« – unsere Thermometer platzieren.

»Ausreichend« und »repräsentativ« sind so leicht gesagt wie schwer zu bestimmen. Tatsächlich weiß niemand, welche Werte hierzu die richtigen sind. Reicht ein Abstand von Messplatz zu Messplatz von tausend Kilometern aus? Wohl kaum! Erinnere Dich an Eure Reisen. Wie oft hast Du erlebt, dass bereits nach einhundert oder spätestens zweihundert Kilometern Fahrt völlig andere Temperaturen herrschten und dass Ihr aus strahlender Sonne in heftigen Regen gekommen seid – oder natürlich auch umgekehrt.

Vielleicht können wir uns darauf einigen, dass wir die Erdoberfläche in Quadrate aufteilen, deren Längen und Breiten jeweils vierhundert Kilometer und deren Flächeninhalt dementsprechend 160.000 Quadratkilometer betragen. Teilen wir nun die für die gesamte Erdoberfläche genannten 510.000.000 Quadratkilometer durch die 160.000 Quadratkilometer pro Messplatz, kommen wir auf 3187,5 Quadratkilometer.

Folglich müssen wir insgesamt rund 3200 Thermometer in vierhundert Kilometern Abstand voneinander und jeweils in der Mitte unserer 400 km x 400 km-Quadrate aufstellen. Diese 3200 Thermometer müssen absolut zuverlässig und gleichwertig funktionieren sowie in jeweils gleicher Höhe über der Erde, dem Wasser oder dem Eis installiert sein; eine gewaltige Aufgabe, wenn man bedenkt, dass 70 % der Erdoberfläche von Meeren bedeckt werden, 20 % sind Wüsten, Steppen, Hochgebirge und Schluchten, Sümpfe und Permafrostgebiete. Also verbleiben nur etwa 10 % der Erdoberfläche, auf denen man problemlos Thermometer platzieren kann.

Zeitlich haben wir uns bereits auf die Messung der Temperaturentwicklung für die letzten einhundertfünfzig Jahre beschränkt. Damit haben wir alle Voraussetzungen für unser Beispiel beieinander und können die vor uns liegende Messaufgabe zu den tatsächlich weltweit gemessenen Lufttemperaturen wie folgt in Zahlen fassen:

3200 (Stationen) x 4 (Messungen/Tag) x 365 (Tage/Jahr)
x 150 (Jahre) = 700.800.000 Messwerte

Alle Meteorologen und erst recht alle Klimatologen dieser Erde würden Dir, meine liebe Sophia, um den Hals fallen, würden Dir die Füße küssen und Dir jeden nur denkbaren Wunsch erfüllen, würdest Du ihnen diese siebenhundert Millionen und achthunderttausend tatsächlich und zuverlässig gemessenen Werte liefern.

Aber das kannst Du nicht, das konnte und kann niemand, das ist unmöglich.

Nun kennst Du die Messaufgabe in den Einzelheiten ihrer theoretisch idealen Messanordnung. Damit wird Dein Bedarf an Kompliziertheit bestimmt gedeckt sein. Doch leider gestaltet sie sich in der Realität noch um ein Vielfaches gigantischer. Das liegt daran, dass es in der rauen Wirklichkeit einen immensen Mangel an auch nur halbwegs zuverlässig gemessenen oder gezählten Basisdaten gibt.

Verlässliche, die Wirklichkeit tatsächlich wiedergebende Ausgangsdaten sind unerlässlich für verlässliche, richtige Ergebnisse.

Mit schlechten Ausgangsdaten, da kannst Du noch so lange und noch so kompliziert rechnen, wirst Du niemals gute Ergebnisse erzielen.

Das ist ein unumstößliches Gesetz. Es lautet auf Englisch kurz und bündig: »Garbage In, Garbage Out«; frei übersetzt: »Wenn Du den Computer mit Ausgangsdatenmüll fütterst, wird der Computer Dich mit Ergebnisdatenmüll füttern.«

Im Gegensatz zum Beispiel zur Physik oder zur Chemie ist Klimaforschung keine experimentelle Wissenschaft. Daten, die zu einer bestimmten Zeit, an einem bestimmten Ort und zu einem bestimmten Merkmal nicht gemessen, erfasst oder erhoben wurden, gibt es nicht. Sie sind schlicht nicht existent und können nicht per Experiment nachgeliefert werden. Um den eklatanten Datenmangel wenigstens zu mildern, blieb und bleibt einzig und allein nur der Weg über »Schätzungen«.

Schätzungen sind und bleiben Schätzungen

Das gilt ungeachtet des experimentellen und rechnerischen Aufwands zu ihrer Gewinnung. Sie können, müssen aber nicht wahr sein. Je größer das Interesse daran ist, dass die Schätzwerte für ein bestimmtes Merkmal, in unserem Beispiel für die »Temperatur der erdnahen Luft an einem bestimmten Ort zu einem bestimmten Zeitpunkt« in einem »Wunschbereich« liegen – die Fachleute sprechen von »Zielgröße« –, umso größer ist die Wahrscheinlichkeit, dass sie tatsächlich dorthin geschätzt werden. Jeder, der sich jemals etwas gründlicher als der »normale Zeitungsleser« mit dem Thema »Geschätzte Ausgangsdaten in der Klimaforschung« beschäftigt hat, wird ohne jede Einschränkung zustimmen:

Klimaforschung leidet seit jeher an einem extremen Mangel verlässlicher Ausgangsdaten

Würde man auf einer Erdkarte die Gebiete weiß einzeichnen, für die verlässliche Vergangenheitsdaten fehlen, beispielsweise für Temperaturen von Luft und Wasser, Niederschlagsarten und -mengen, Bewölkungsarten, -höhen und -flächen, Windgeschwindigkeiten und -richtungen, Meeresströmungen, Eismassen und so weiter, würde die gesamte Weltkarte von der Farbe Weiß beherrscht.

Verlässliche Ausgangsdaten in ausreichender Menge sind die Ausnahme, fehlende Daten sind die Regel. Daher lautet die Hauptarbeit der Klimaforscher: »Schätzung von Ausgangsdaten«.

Man kann ohne zu übertreiben sagen: Klimaforschung ist eine riesige Spielwiese für »Vermuter«, »Schätzer«, »Modellierer«, »Simulierer« und »Spekulanten«.

Dies begründet ihren zweifelhaften Ruf. Deshalb gelingt es ihr nicht, aus dem Zwielicht von Annahmen, Prämissen, Modellen, Szenarien und Analogien herauszutreten und zu den seriösen Naturwissenschaften aufzuschließen. Vielleicht erkennst Du jetzt, welch gigantische Probleme des Messens, Berechnens und Schätzens sich hinter dieser einen einzigen Größe »Erdwärme« verbergen. Wenn

Du Dir nun zusätzlich klarmachst, dass Hunderte oder gar Tausende von Milliarden Dollar bzw. Euro davon abhängen, welche Werte zum Ausmaß der zunächst nur vermuteten Erderwärmung (Global Warming) letztlich als Basis staatlicher und unternehmerischer Entscheidungen akzeptiert werden, kannst Du den Datenkrieg erahnen, der über mindestens zwei Jahrzehnte um die »richtige Erderwärmung« tobte. Allein mit der Geschichte dieses Datenkrieges könnte man eine komplette Bibliothek füllen. Angefangen bei leichtfertiger Schlamperei über Komplotte und Intrigen, Bestechung und Bestechlichkeit bis hin zu krimineller Datenfälschung größten Ausmaßes wäre alles vertreten, was, je nach Geschmack, zur großrahmigen menschlichen Komödie oder Tragödie gehört.

Zu unser beider Glück brauchen wir an diesem Krieg nicht teilzunehmen; wir brauchen noch nicht einmal Stellung zu beziehen. Soweit er die Vergangenheit betrifft, ist der Krieg beendet. Der bereits erwähnte Weltklimarat hat für Waffenstillstand zwischen den »Erwärmungsalarmisten« und den »Erwärmungsskeptikern« gesorgt. Unter seiner Regie haben zunächst Hunderte von Wissenschaftlern zahllose Arbeiten, Analysen und Schätzungen zur Erdwärme gesichtet, bewertet und in einem voluminösen Materialteil gebündelt. Anschließend haben die Regierungen der im Weltklimarat vertretenen Nationen Autoren benannt mit der Aufgabe, eine Kurzfassung als politisch orientierte Lese- und Interpretationshilfe zum Materialteil zu erstellen.

Erderwärmung: statt Forschungs- ein Verhandlungsergebnis

Diese Regierungsvertreter »aller Herren Länder« verhandelten über den Materialteil ebenfalls in langwierigen Konferenzen und unüberschaubaren Abstimmungsprozeduren. Schließlich haben sie als »Überzeugung«, »Meinung«, »Schätzung« oder »Glauben« einer sehr deutlichen Expertenmehrheit ein Ergebnis präsentiert, das inzwischen von Wissenschaft, Politik und Öffentlichkeit im Zustand deutlicher Erschöpfung weitgehend akzeptiert wird:

Für den langfristigen Erwärmungstrend seit der vorindustriellen Zeit wird geschätzt, dass die globale mittlere Oberflächentemperatur (GMST) für die Dekade 2006–2015 im Mittelwert 0,87 °C (Extremwerte zwischen mindestens 0,75 °C und höchstens 0,99 °C) über dem Durchschnitt der Jahre 1850–1900 lag.

Nun wirst Du Dich vermutlich erstaunt fragen: »Wie bitte? Für weniger als ein einziges – dazu nur ungefähr geschätztes – Grad Celsius Erderwärmung im Zeitraum von über einhundert Jahren dieser Riesenaufwand?«

Du hättest recht, so zu fragen. Was soll ich antworten? Zunächst ist es gut, dass der jahrelange Streit darüber, ob es auf der Erde wärmer geworden ist, ein Ende hat. Mit dem knappen Grad Celsius können alle Seiten gut leben.

Es handelt sich um einen weltweiten Durchschnittswert, der einem weit verbreiteten »Gefühl« oder »Eindruck« ebenso entgegenkommt wie der vielerorts zu beobachtenden Eis- und Gletscherschmelze, obwohl deren Ursache weitestgehend die Luftverschmutzung und die dadurch verursachte größere Wärmeabsorption der durch Feinstäube und Ruße verdunkelten Oberflächen ist (Verringerung der Albedo).

Aber ihn deshalb schlicht zu den Akten zu nehmen und zur Tagesordnung überzugehen, hieße, die ungeheure Bedeutung zu übersehen, die diese überaus moderate globale Erwärmung für die nächsten beiden Fragen haben wird:

- Welches sind die Ursachen der Erderwärmung?
- Welche Folgen hat die Erderwärmung für Wetter, Klima und damit für das Leben auf der Erde?

4. Die Erwärmung der Erde: Ursachen und Folgen

a. Ursachen

Nachdem wir uns der Lesart des Weltklimarates angeschlossen haben, dass es heute gegenüber dem Ende des 19. Jahrhunderts auf der Erde durchschnittlich knapp ein Grad Celsius wärmer ist, fragen wir zunächst, auf welche Ursachen diese Erwärmung der Erde zurückgeführt werden kann. Es wird Dich, liebe Sophia, nicht überraschen, dass dazu unser Blick zunächst auf die Sonne fällt.

Die Sonne ist ein Heizstrahler, der auf unserer Erde für Wärme, Leben, Wetter und letztlich Klima sorgt

Um 1610 entdeckten Galilei und Scheiner zeitgleich die Sonnenflecken. Seither ist bekannt, dass die Oberfläche der Sonne sich ständig verändert, zyklisch (Sonnenfleckenrhythmen) und aperiodisch (Fackeln, Protuberanzen). Erst seit ca. zwanzig Jahren konnte man mit der Satellitentechnik oberhalb der Erdatmosphäre beweisen, dass sich mit den Veränderungen auf der Sonnenoberfläche auch die an der Atmosphäre ankommende Energie ständig ändert. Die sogenannte Solarkonstante, die angibt, wie viel Watt an Sonnenenergie die Erde pro Quadratmeter Oberfläche von der Sonne geliefert erhält (zzt. 1368 ± 8 W/qm), ist also eigentlich eine höchst entscheidende »Unkonstante = Variable«, wenn es um die Erdwärme geht. Denn wenn sich die an der Obergrenze der Atmosphäre ankommende Energie verändert, wird diese Veränderung auch in die Atmosphäre und letztlich bis auf die Erdoberfläche weitergegeben. Bitte frage mich nicht, warum der Weltklimarat diesen einfachen Zusammenhang zwischen sich verändernder Sonnenstrahlung und Erdwärme als unbeachtlich zur Seite legt. Vermutlich hat man dort im Kampf um die oben beschriebene Dekarbonisierung der Erde alle Augen auf das CO_2 gerichtet.

Die sich verändernde Sonnenstrahlung wird als Erwärmungsursache negiert

Was also hat es mit diesem harmlosen Spurengas CO_2 auf sich?

Während des genannten Beobachtungszeitraums von etwa 130 Jahren ist der CO_2-Gehalt der Luft von etwa 0,03 Volumenprozent auf etwa 0,04 Volumenprozent angestiegen. Dieser Trend zur Anreicherung der Luft mit CO_2 ist ungebrochen. CO_2 und einige andere in der Atmosphäre enthaltene natürliche oder auch künstliche Gase wie Wasserdampf, Ozon, Methan und Fluorchlorkohlenwasserstoffe (FCKWs) absorbieren einen Teil der von der Sonne kommenden, unsichtbaren Wärmestrahlung (Infrarotstrahlung), während sie die sichtbare kurzwelligere Strahlung, und derart ist der größere Teil der Sonnenstrahlung, passieren lassen. Von dem Teil der Infrarotstrahlung, der beim Einfall aus dem Weltall nicht absorbiert, wird, wird wiederum ein Teil von der Oberfläche der Erde zunächst absorbiert und dann als langwellige Infrarotstrahlung in die Atmosphäre zurückgestrahlt, um dort nunmehr von einigen Spurengasen teilweise absorbiert und etwa zur Hälfte zur Erde zurückgestrahlt zu werden. Wegen dieses die Erde aufheizenden Infrarotstrahlung-Pingpongs zwischen der Erde einerseits und auch dem in der Luft befindlichen CO_2 andererseits bezeichnet man CO_2 und einige andere Spurengase als Treibhausgase.

Wären diese Treibhausgase nicht in der Luft, wäre es auf der Erde kälter. Im Umkehrschluss lautet die Argumentation für die vom Menschen zu verantwortende Erderwärmung:

a) Der CO_2-Gehalt der Luft ist parallel zur Erderwärmung angestiegen.
b) Das zusätzliche CO_2 in der Luft stammt aus vom Menschen gemachten Quellen.
c) Andere Ursachen für die beobachtete Erwärmung der Erde wurden nicht gefunden.
d) Folglich ist die beobachtete Erderwärmung – zumindest zum größten Teil – anthropogen, das heißt: vom Menschen verursacht.

Datenmangel ist kein Beweis für Wirkungslosigkeit

Zunächst überrascht an dieser Beweisführung der Punkt c. Andere, theoretisch durchaus plausible Erwärmungsursachen mussten von vornherein schlicht und einfach ausgeschlossen werden, da es zu ihnen absolut keine Daten für den zurückliegenden Beobachtungs- und Analysezeitraum von 150 Jahren gibt. Dieser Daten- und damit Analysemangel ist, neben der bereits erwähnten Vernachlässigung der Veränderungen der Sonnenstrahlung, besonders schwerwiegend für die Veränderung der Wärmerückstrahlung der Erde (Albedo).

Für das Weltklima und die Erwärmung der Erde, global wie regional, ist die Albedo von großer Bedeutung. Der Albedo-Wert sagt aus, wie viel Prozent der Sonnenstrahlung direkt wieder ins Weltall reflektiert wird, ohne dass die Erde ihre Energie aufgenommen hat. Dieser Anteil liegt bei etwa 30 %. Veränderungen von Landschaft und Klima können zu Veränderungen in der Albedo führen, die sich deutlich auf den Strahlungshaushalt der Erde auswirken und damit zu einer Erwärmung führen. Das kannst Du leicht nachprüfen. Du brauchst bei Deinem nächsten Schwimmbadbesuch nur ein weißes neben ein schwarzes Handtuch in die Sonne zu legen. Bereits nach kurzer Zeit kannst Du fühlen, dass das schwarze Handtuch deutlich wärmer ist als das weiße. Es hat eine geringere Albedo, es strahlt weniger Wärme zurück, es nimmt mehr Wärme auf.

Rapides Bevölkerungswachstum lässt Erd-Albedo sinken

Angesichts der Tatsache, dass heute auf der Erde etwa 7,6 Milliarden Menschen und damit etwa 6.100.000.000 Menschen (sechs Milliarden einhundert Millionen) mehr Menschen gegenüber der Zeit um 1870 leben, ist es vollkommen unplausibel anzunehmen, dass die enormen Veränderungen auf der Erdoberfläche durch Besiedelungen, Bauten, Bewirtschaftungen und so weiter keinerlei Einfluss auf die Erd-Albedo und damit keinerlei Erwärmungsfolgen gehabt hätten. Seit einigen Jahren wird die Veränderung der Erd-Albedo von NASA-Satelliten aus beobachtet und gemessen. Die ersten Ergebnisse zeigen eine wesentlich deutlichere Verringerung der Erd-Albedo und damit eine wesentlich deutlichere Vergrößerung der Aufnahme von Wärmeenergie der Sonne für die nördliche Erdhalbkugel gegenüber der südlichen Erdhalbkugel. Diesen ersten Ergebnissen entsprechen die Tatsachen, dass die nördliche Halbkugel deutlich dichter besiedelt ist, dass hier die gemessene Erderwärmung deutlich über dem weltweiten Durchschnitt liegt. Entsprechend liegt sie für die südliche Halbkugel unter dem Durchschnitt. Allerdings gibt es innerhalb der Erdhalbkugeln wiederum unübersehbare Unterschiede. Zum Beispiel ist es in der westlichen Antarktis deutlich wärmer geworden als in der östlichen Antarktis, und die verschiedenen Arten von Eis zeigen in der Antarktis unterschiedliche Trends: Während das auf dem Meer schwimmende Eis zunimmt, geht der das Land überwölbende Eispanzer, das antarktische Polareis, eher zurück. Nun, liebe Sophia, bitte erkläre mir diesen Unterschied in der Entwicklung von Meereis und Landeis in der Antarktis mit der leichten Erwärmung der erdnahen Luft um knapp ein Grad Celsius, großspurig genannt: Erderwärmung oder gar Klimakrise. Wie kann es sein, dass in der polferneren, wärmeren Region Wasser zu Eis gefriert und gleichzeitig auf der kälteren Polkappe Eis zu Wasser schmilzt? Bei dieser und vielen anderen Fragen zum Polareis stehen die Eisforscher, die Glaziologen, noch ganz am Anfang. Völlig unklar ist bisher auch die Bedeutung der aus der Luftverschmutzung resultierenden Feinstaubablagerungen – mit entsprechender Vergrößerung der Sonnenwärme-Strahlungsabsorption (Verringerung der Albedo).

Treibhauseffekt naturgesetzlich am Ende

Bevor wir uns in der Fülle offener Fragen an die weltweite Klimaforschung verlieren, werfen wir lieber das Handtuch und begnügen uns mit der einzigen Sicherheit, die wir haben: Auf der Erde ist es so warm, wie es auf der Erde warm ist. Im Verlauf von über hundert Jahren hat sich die erdnahe Luft, gemittelt über die gesamte Erdoberfläche, leicht erwärmt. Dieser Durchschnitt verdeckt weit mehr, als er erhellt: Er liefert keine überprüfbaren Hinweise auf die Ursachen wie das Ausmaß der seit jeher zu beobachtenden langfristigen Verschiebungen oder Veränderungen der regionalen und temporären Temperatur-, Wind- und Niederschlagsunterschiede.

Fragen wir nach der zukünftigen Entwicklung, finden wir zwei eindeutige Antworten:

1. Ob und in welchem Maße sich der Vergangenheitstrend einer moderaten Erderwärmung künftig fortsetzen wird, ist völlig offen. Zwar gibt es hierzu massenhaft Prognosen, Prophezeiungen, Szenarien und Prophetien. Sie sind teilweise mehr und teils weniger einleuchtend begründet. Keine Vorhersage ist derart fundamental und unabweisbar begründet, dass man ihr ohne eine gehörige Portion Glauben folgen könnte. Also fassen wir uns in Geduld und warten wir ab.
2. Welche Rolle auch immer das CO_2 in der Vergangenheit für die moderate Erderwärmung gespielt haben mag, in der Zukunft wird es eine äußerst geringe oder sogar gar keine Rolle spielen. Der Grund liegt in einem unumstößlichen und allseits akzeptierten physikalischen Naturgesetz, dem Gesetz der »Sättigung der Strahlungsbanden« (Lambert-Beer'sches Gesetz).

Nach diesem Gesetz bedarf es für das nächste eine Grad Celsius Erderwärmung der doppelt so großen Erhöhung des CO_2-Gehalts der Luft, wie für die letzte vorangegangene Erwärmung um ein Grad Celsius erforderlich war. Anders ausgedrückt: Zusätzlich in die Luft gelangende und dort verbleibende CO_2-Moleküle haben von Molekül zu Molekül eine rapide abnehmende Treibhauswirkung. Da die CO_2-Absorptionsbanden bereits weitgehend gesättigt sind, nimmt der Treibhauseffekt durch zusätzlich von der Luft aufgenommenes CO_2 nur noch mit dem Logarithmus der CO_2-Konzentration zu.

Entsprechend ergibt sich die von den Klimamodellen berechnete enorme Erderwärmung von zwei bis im Extrem sogar fünf Grad Celsius für die nächsten hundert Jahre vorrangig nicht mehr aus einer prognostizierten CO_2-Zunahme. Vielmehr wurden und werden in die Modelle zusätzlich hypothetische, durch keinerlei tatsächliche Beobachtungen gestützte »sekundäre Verstärkungsprozesse« eingebaut.

Fragwürdige sekundäre Erwärmungsursachen

Vor allem wird postuliert, dass die bisherige Erderwärmung um knapp ein Grad Celsius während der letzten über einhundert Jahre zu einer höheren Luftfeuchtigkeit (zusätzlicher Wasserdampf in der Luft) führt. Da Wasserdampf das wichtigste Treibhausgas überhaupt ist, soll vor allem dieser zusätzliche Wasserdampf zu weiterer Erwärmung führen.

Allerdings zeigen im Gegensatz zu dieser Theorie die tatsächlichen meteorologischen Messungen der vergangenen Jahrzehnte keine Zunahme des Wasserdampfgehalts der Atmosphäre. Entsprechend zeigen die Messungen auch keine besorgniserregende zusätzliche Erwärmung.

Du, liebe Sophia, magst es nun glauben oder auch nicht glauben, aber es ist richtig: Weitere Wahrheiten zu den Ursachen der unbestrittenen vergangenen sehr moderaten wie einer eventuellen künftigen Erderwärmung gibt es nicht!

Auf dünnstem Eis wurde weltweit ein gigantisches »Klimapolitikgebilde« errichtet.

Dem CO_2 wird in der weltweiten Klimapolitik weiterhin die Rolle des »Klimakillers« zugewiesen

Im Zentrum der Klimapolitik und damit in wachsender Entfernung zur aktuellen Klimaforschung steht nach wie vor noch das anthropogene CO_2; ein Spurengas, das für den Menschen ungiftig, für das Pflanzenwachstum unerlässlich ist (Fotosynthese) und das etwa 0,04 % des Luftvolumens ausmacht (in 10 Litern Luft befindet sich ein Schnapsgläschen CO_2).

Sämtliche Politik, soweit sie von »Klimarettung durch Verminderung menschenverursachter CO_2-Emissionen« bestimmt wird, folgt einem CO_2-Trugbild, einem CO_2-Wahn:

- Die tatsächlich beobachtete Erderwärmung ist mit etwa einem Grad Celsius über mehr als einhundert Jahre derart unspektakulär, dass sie für einen Treibhauseffekt kaum Platz lässt.
- Trotz unverändert stetiger Zunahme des CO_2-Gehalts der Atmosphäre gibt es seit nunmehr 16 Jahren keinen Erwärmungstrend. Auch wenn es zu früh ist, diese »Erwärmungspause« sicher zu verstehen und einzuordnen, bietet sie ausreichend Grund zur Besinnung und Entdramatisierung im weltweiten »CO_2-Drama«.
- Das mit Abstand dominierende Treibhausgas ist der Wasserdampf. Er gilt im Gegensatz zum menschenverursachten CO_2 als »natürlich« und wird darum seitens des Weltklimarats nur am Rande betrachtet. Aber man kann die Temperatureffekte eines Treibhausgases nicht verstehen, ohne die Zusammenhänge zwischen allen Treibhausgasen zu verstehen.
- Von Jahr zu Jahr zeigt sich deutlicher, dass die milliardenschweren Klimamodelle versagt haben. Namhafte Wissenschaftler aus international anerkannten klimawissenschaftlichen Einrichtungen, nicht nur der USA, mit bedeutenden Beratungsaufgaben für nationale wie internationale politische Gremien und Instanzen, haben für die inzwischen nachprüfbaren Jahre festgestellt, dass die einschlägigen Modelle sämtlich eine viel zu hohe Erderwärmung prognostizierten. Der wichtigste Grund für die Fehlprognosen ist die systematische Überschätzung des menschenverursachten und

von der Luft zusätzlich aufgenommenen CO_2 für die Erdwärme. Die Wärme auf der Erde reagiert weit weniger empfindlich auf zusätzliches CO_2, als es der Weltklimarat und erst recht die von ihm und seinen Katastrophenszenarien aufgeheizte Öffentlichkeit und Politik glauben. Die Klimamodelle sind in der Vergangenheit gescheitert und sollten nicht zur Festlegung von künftiger Politik verwendet werden.

Menschliche Aktivitäten haben einen sehr geringen Einfluss auf das Klima

Diese Erkenntnis scheint sich mehr und mehr auch im Kreis der Leitautoren für die Berichte des Weltklimarats durchzusetzen und dort für helle Aufregung zu sorgen. Hintergründig wird inzwischen intensiv darüber diskutiert, die Bedeutung des CO_2 für die Erderwärmung zu halbieren. Das käme einer Revolution gegen die bisherige CO_2-fixierte Klima- und Energiepolitik gleich.

b. Folgen

Offensichtlich hängt die Bedeutung der Antwort auf die Frage nach den Erwärmungsursachen ab von der Bedeutung der Erwärmungsfolgen.

Welche Folgen hatte die bisherige Erderwärmung für Wetter, Klima und Leben auf der Erde?

Du wirst nicht erwarten, liebe Sophia, dass es auf diese so einfach klingende Frage eine einfache Antwort gibt. Das krasse Gegenteil ist der Fall. Je genauer man hinschaut, umso klarer wird, dass die Frage unmöglich beantwortet werden kann, jedenfalls dann, wenn man als Antwort nur bewiesene und nachprüfbare Aussagen zulässt.

Wie könnte es auch anders sein? Wir betrachten einen Zeitraum von über einhundert Jahren samt einer jahresdurchschnittlichen Erhöhung der weltweiten Durchschnittstemperatur der oberflächennahen Luft von weniger als einem Hundertstel Grad Celsius. Wie sollte es möglich sein, in diesem Dickicht von räumlichen und zeitlichen Durchschnitten – für die gesamte Erde und für jeweils ein gesamtes Jahr – einzelne außergewöhnliche Wetterereignisse an einem ganz bestimmten Ort und zu einer genau bekannten Zeit eindeutig als »erwärmungsbedingt« zu erkennen? Es ist unmöglich, auch für die weltweite Klimaforschung.

Schauen wir uns an, wie diese dennoch versucht, Unmögliches möglich zu machen. Dazu halten wir uns an den Abschnitt »Extreme Auswirkungen« im jüngsten IPCC-Sonderbericht vom Oktober 2018. Bereits der offizielle deutsche Titel dieses Berichts kann nur als Warnung verstanden werden, bitte keinerlei allgemeinverständliche und eindeutige Ergebnisse erwarten. Er lautet:

»1,5 °C globale Erwärmung – Der IPCC-Sonderbericht über die Folgen einer globalen Erwärmung um 1,5 °C gegenüber vorindustriellem Niveau und die damit verbundenen globalen Treibhausgasemissionspfade im Zusammenhang mit einer Stärkung der weltweiten Reaktion auf die Bedrohung durch den Klimawandel, nachhaltiger Entwicklung und Anstrengungen zur Beseitigung von Armut.«

Dort wird zusammenfassend berichtet über Analysen und Auswertungen von »Beobachtungen« (Daten) zu extremen Wetterereignissen seit 1950. Wenig überraschend wird vorangestellt, dass der den Ergebnissen beigemessene Wahrheitsgehalt abhängt von der Qualität und Quantität der Daten, die je nach Region und je nach Art der Extremereignisse variieren, sowie der Verfügbarkeit von Studien, die diese Daten analysieren. Statt von »Wahrheit« spricht man im Bericht lieber von »Vertrauen« in die Daten und deren Auswertungen. Dazu wird, ebenfalls wenig spektakulär, zusätzlich erläutert, dass »die Zuordnung von »geringem Vertrauen« hinsichtlich beobachteter Änderungen bei einem bestimmten Extrem auf regionalem oder globalem Maßstab weder aussagt, dass Änderungen angenommen, noch dass sie ausgeschlossen werden. Extreme Ereignisse sind selten, was bedeutet, dass für die Bewertungen von Veränderungen in deren Häufigkeit oder Intensität nur wenige Daten vorliegen. Je seltener das Ereignis ist, desto schwieriger ist es, langfristige Veränderungen zu erkennen. Je nach geographischer Einheitlichkeit der Trends bei dem jeweiligen Extrem können Trends auf globalem Maßstab bei einem bestimmten Extrem von höherer Zuverlässigkeit (z. B. bei Temperaturextremen) oder geringerer Zuverlässigkeit (z. B. bei Dürren) sein als manche Trends auf regionalem Maßstab.«

Dann endlich werden aufgrund von Beobachtungen seit 1950 die folgenden kolossalen Extremfolgen der Erderwärmung beschrieben:

1. Es ist sehr wahrscheinlich, dass es im globalen Maßstab, das heißt bei den meisten Landflächen mit ausreichenden Daten,
   a) bei der Anzahl kalter Tage und Nächte insgesamt zu einem Rückgang und
   b) bei der Anzahl warmer Tage und Nächte insgesamt zu einem Anstieg gekommen ist.
2. Es ist wahrscheinlich, dass diese Änderungen auch auf kontinentalem Maßstab in Nordamerika, Europa und Australien eingetreten sind.
3. Es besteht mittleres Vertrauen in einen Erwärmungstrend bei täglichen Temperaturextremen in einem Großteil Asiens.
4. Das Vertrauen in beobachtete Trends bei täglichen Temperaturextremen in Afrika und Südamerika variiert je nach Region meist zwischen gering und mittel.
5. In vielen (jedoch nicht allen) Regionen der Erde mit ausreichenden Daten besteht mittleres Vertrauen hinsichtlich einer Zunahme der Länge oder Anzahl von warmen Perioden oder Hitzewellen.
6. In einigen Regionen liegen für die Anzahl von Starkniederschlagsereignissen statistisch signifikante Trends vor. Es ist wahrscheinlich, dass die Zahl dieser Regionen, in denen eine Zunahme zu verzeichnen ist, höher ist als die Zahl der Regionen mit einer Abnahme, auch wenn bei diesen Trends starke regionale und subregionale Schwankungen vorliegen.

7. Es besteht geringes Vertrauen in jegliche beobachtete langfristige (das heißt sich über vierzig Jahre oder mehr erstreckende) Zunahme der Aktivität (das heißt Intensität, Häufigkeit, Dauer) von tropischen Wirbelstürmen, wenn man die im Laufe der Zeit eingetretenen Veränderungen der Beobachtungsfähigkeiten berücksichtigt.
8. Es ist wahrscheinlich, dass es bei den Zugbahnen außertropischer Stürme in der Nord- und Südhemisphäre zu einer Verlagerung in Richtung der Pole gekommen ist. Wegen Inhomogenitäten der Daten und Unzulänglichkeiten bei Überwachungssystemen besteht bei kleinräumigen Phänomenen wie Tornados und Hagel geringes Vertrauen hinsichtlich beobachteter Trends.
9. Es besteht mittleres Vertrauen, dass in einigen Regionen der Welt intensivere und längere Dürren zu verzeichnen sind, insbesondere in Südeuropa und Westafrika, in manchen Regionen sind Dürren jedoch weniger häufig, weniger intensiv oder kürzer geworden, beispielsweise in Zentral-Nordamerika und im nordwestlichen Australien.
10. Es liegen begrenzte bis mittelstarke Belege vor, um beobachtete klimaabhängige Änderungen bei der Größenordnung und Häufigkeit von Überschwemmungen auf regionalem Maßstab abzuschätzen, da die verfügbaren instrumentellen Messungen von Überschwemmungen durch Pegelstationen räumlich und zeitlich beschränkt sind sowie Veränderungen der Flächennutzung und der Flächenbewirtschaftungstechnik verzerrende Wirkungen ausüben. Es ist wahrscheinlich, dass es im Zusammenhang mit dem Anstieg des mittleren Meeresspiegels zu einer Zunahme von extremem Küstenhochwasser gekommen ist.
11. Es ist wahrscheinlich, dass anthropogene Einflüsse zu höheren Werten extremer Tagesmindest- und Tageshöchsttemperaturen auf globalem Maßstab geführt haben.
12. Es besteht mittleres Vertrauen, dass anthropogene Einflüsse zu einer Intensivierung von Starkniederschlägen auf globalem Maßstab beigetragen haben.
13. Es ist wahrscheinlich, dass ein anthropogener Einfluss auf den

Anstieg von extremem Küstenhochwasser infolge einer Erhöhung des mittleren Meeresspiegels vorliegt.
14. Es besteht nur geringes Vertrauen in die Zuordnung jeglicher feststellbarer Änderungen der Aktivität tropischer Wirbelstürme zu anthropogenen Einflüssen.

Das Zurückführen einzelner extremer Ereignisse auf anthropogenen Klimawandel ist schwierig.

Liebe Sophia, Du musst mich bitte aus meinem Versprechen entlassen, aus diesem Brei von Banalitäten, Erwägungen, Vermutungen und Spekulationen einen lesbaren Text zu formulieren. Wenn der Weltklimarat keine handfesteren Ergebnisse zu den bisher tatsächlich festgestellten Folgen der Erderwärmung vorlegt, kann ich mir diese nicht aus dem Hut zaubern. Wohin sollte das führen?

Man mag es drehen und wenden, wie man will:

Auf keinen Fall liefern die bisherige Erderwärmung samt der ihr bisher zurechenbaren Erwärmungsfolgen auch nur ansatzweise eine Grundlage, um von »Klimakrise« oder gar »Klimakatastrophe« zu sprechen.

Das wird noch deutlicher, wenn man die Entwicklung der Meeresspiegel in den Blick nimmt. Sie bildet eine zentrale Größe für die Katastrophiker und wurde bereits massenhaft, beispielsweise auch vom »Spiegel« (Kölner Dom) oder vom sogar mit dem Nobelpreis ausgezeichneten Al Gore (New York) zur Prophezeiung irrwitzigster Überflutungen und Untergänge missbraucht.

Das Gegenteil ist richtig. In der ersten Hälfte des 19. Jahrhunderts ist der Meeresspiegel um ca. 15 cm abgesunken. Seit ca. 1860 bis heute steigt der Meeresspiegel, wobei seit 1860 zehnjährige Phasen rascheren und verlangsamten Anstiegs gemessen wurden.

Eine Beschleunigung des Anstiegs des Meeresspiegels seit 1860 ist nicht erkennbar

Vielmehr zeigt die verlässlichste überhaupt verfügbare Untersuchung für das gesamte 20. Jahrhundert einen linearen Anstieg des Meeresspiegels von 1,9 mm/Jahr mit einer Varianz von ±0,3 mm/Jahr und für die Gesamtzeit seit 1870 einen linearen Anstieg des Meeresspiegels von 1,8 mm/Jahr mit einer Varianz von ±0,5 mm/Jahr. Schließlich zeigen die Messergebnisse, dass die mittlere jährliche Anstiegsrate für den Teilzeitraum ab 1970 geringer ist als der entsprechende Wert für das gesamte 20. Jahrhundert!

Der Anstieg des Meeresspiegels hat sich während des gesamten 20. Jahrhunderts bis heute verlangsamt

Auch an der deutschen Nordseeküste zeigen die Pegel keine säkulare Beschleunigung des Meeresanstiegs. Im Gegenteil, das mittlere Hochwasser ist in den letzten hundert Jahren nur um ca. 25 cm, also pro Jahr um durchschnittlich 2,5 mm, und das mittlere Tiefstwasser sogar nur um ca. 10 cm, also pro Jahr um durchschnittlich nur 1,0 mm angestiegen sind. Seit 2010 hat sich der Anstieg sogar noch entschleunigt und eben nicht, wie immer wieder beschworen, beschleunigt. Eine neue Sintflut ist nicht in Sicht. Auch die Südseeinseln werden von keinem beschleunigten Meeresanstieg bedroht.

Dazu mögen auf den ersten Blick die vielen Bilder und Berichte zu Überflutungen und Flutkatastrophen mit vielen Todesopfern und enormen materiellen Schäden im Widerspruch stehen, die zahlreich um die Welt gingen und leider auch künftig um die Welt gehen werden. Aber dieser Widerspruch existiert nicht. Denn weder sind die Weltmeere stärker angestiegen, als dies seit hundert Jahren der Fall ist, noch haben die extremen Großwetterereignisse mit Stürmen und Niederschlagsfluten zugenommen.

Zugenommen haben nicht die Wetterkatastrophen, sondern hat die Anzahl der in Katastrophengebieten lebenden Menschen

Heute leben auf der Erde etwa 7,6 Milliarden Menschen. Das sind etwa 6.100.000.000 Menschen mehr (sechs Milliarden einhundert Millionen zusätzliche und dauerhafte Erdbewohner) gegenüber der Zeit um 1870; Tendenz: steigend. Allein in Afrika wächst die Anzahl der dort lebenden Menschen gegenwärtig um etwa eine Million pro Woche. Nach der Einwohnerzahl kommt also Woche für Woche eine Stadt in der Größe von Köln hinzu.

Im Zuge dieses Bevölkerungswachstums wurden und werden zunehmend Gebiete besiedelt, die zuvor unbewohnt waren. Große Teile der zusätzlichen Siedlungsgebiete sind Risikogebiete, also besonders sturm- und hochwassergefährdete Regionen. Dazu kommt, dass eher ärmere Menschen in Risikogebieten siedeln mit völlig unzureichenden Mitteln für solide Bebauung, Deiche, Dämme und Ähnliches als wohlhabendere Menschen mit allen Möglichkeiten der Katastrophenvorsorge und des Katastrophenschutzes. Folglich sind die zunehmenden Schäden durch extreme Großwetterereignisse nicht einem vorgeblichen Klimawandel, sondern dem Bevölkerungswachstum samt zunehmend riskanterer Erdbesiedelung geschuldet.

Schließlich haben Wissenschaftlerinnen und Wissenschaftler mithilfe moderner Methoden und Technologien den für unser Wetter entscheidenden Golfstrom über die vergangenen zwanzig Jahre wesentlich zuverlässiger analysieren können, als dies zuvor jemals möglich war. Sie haben festgestellt, dass die Golfstromzirkulation in den vergangenen zwanzig Jahren trendmäßig stabil war. Die beobachteten Schwankungen sind als völlig normale natürliche Schwankungen zu verstehen. Sie bieten keinerlei Anhaltspunkt, um den Golfstrom »in Gefahr« zu sehen.

Statt Klimakrise: Krise des anthropozentrischen Weltbildes

Die auf Tatsachen gegründete Analyse der Folgen der bisherigen Erderwärmung um das nun bereits mehrfach genannte knappe eine Grad Celsius seit dem Ende des 19. Jahrhunderts legt folgende Schlussfolgerung nahe:

Weit mehr als mit einer »Klimakrise« haben wir es in weiten Bereichen der Klimaforschung ebenso wie in der deren Ergebnisse transportierenden Umweltpolitik zu tun mit einer Krise des im abendländischen Denken immer noch fest verwurzelten anthropozentrischen Weltbildes.

Anthropozentrisch bedeutet, dass der Mensch sich selbst als den Mittelpunkt der weltlichen Realität und daher auch als Ursache für alle Übel dieser Welt versteht. Die Grenzen dieser maßlosen Überschätzung der Bedeutung des Menschen für Wetter und Klima wird von UN-Klimakonferenz zu UN-Klimakonferenz immer deutlicher. Dazu musst Du Dir klarmachen, in welch irr-sinnige Regionen diese Konferenzen vorgestoßen sind, bei denen über 20.000 Teilnehmer wochenlang ausschließlich damit beschäftigt sind, internationale Richtlinien für die Messung von CO_2 sowie für die Berichte über die Messergebnisse zu vereinbaren. Diese über 20.000 Teilnehmer reisen an mit Linienflugzeugen, Privatflugzeugen, PKWs oder Bussen. Sie wohnen wochenlang in exklusiven Hotels und produzieren tausende Tonnen von CO_2, Stickoxiden und Feinstaub, sie verbrauchen zusätzlich viel Strom und andere Ressourcen. Aber vor allem erwecken und fördern sie in der weltweiten Öffentlichkeit den Eindruck, als seien Wetter und – langfristig – Klima vom Menschen beeinflussbar, sogar regulierbar. Damit beladen sich die die Teilnehmer entsendenden Staaten vor allem gegenüber den jüngeren Generationen mit einer riesiger Verantwortung, der sie niemals werden gerecht werden können.

Die Beschlüsse, die auf diesen UN-Klimakonferenzen gefasst werden, sind sämtlich unverbindlich; im diplomatischen Sprachgebrauch heißt das »selbstverpflichtend«. Ob sie von den einzelnen Staaten tatsächlich eingehalten werden, können die Beschlusspartner nicht kontrollieren. Erst recht gibt es keine Sanktionsmöglichkeiten bei Nichteinhaltung.

Entsprechend wächst die Kritik an den global auf »Klimaschutz durch CO_2-Begrenzung« ausgerichteten, die ganze Welt umspannenden UN-Konferenzen.

Statt Klimaschutz: Umweltschutz, Schadensbegrenzung, Schadensausgleich

Zunehmend wird gefordert, Energie und Geld auf konkrete Projekte zum Schutz vor extremen Wetterereignissen beispielsweise durch den Bau von Deichen, Rückhalte- und Regulierungsbecken, Brunnen und sturmfesten Hochbauten zu konzentrieren, also konkrete Umweltvorsorge zu forcieren, und Reserven vorzuhalten zur Nachsorge und zum Schadensausgleich bei nicht verhinderten Schäden durch extreme Wetterereignisse.

Umweltschutz, Schadensbegrenzung und Schadensausgleich sollen an die Stelle der »Klima-Utopie: Weltrettung durch CO_2-Minimierung« treten.

Vielleicht habt Ihr in der Schule bereits etwas über die Scholastik erfahren? Als Scholastik bezeichnet man die Denkweise und Methode der Beweisführung, die in der lateinischsprachigen Gelehrtenwelt des Mittelalters zur Bearbeitung vorrangig religiöser und theologischer Fragen entwickelt wurden. Auch damals ist man »vom Hölzchen aufs Stöckchen« gekommen, mit dem Ergebnis, dass sich Hundertschaften von »Schriftgelehrten« zum Beispiel über die Frage auseinandergesetzt haben: »Wie viele Engel passen auf eine Nadelspitze?« Ähnlich abgehoben verläuft inzwischen die Debatte um die menschenverursachte Erderwärmung.

Der unübersehbare »Mangel« an tatsächlich nennenswerten, weil extremen Erwärmungsfolgen ist auch den »Klimakatastrophikern« bewusst. Aber deren Schlachtfeld waren und sind gar nicht Tatsachen und Fakten.

Die Angst wird geschürt mit konstruierten Katastrophenszenarien für die Zukunft

Die auf künftige Katastrophen fixierten Klimawissenschaftler haken die Vergangenheit und Gegenwart ab als Katastrophenvorbereitungszeit. Sie lassen ganz bewusst einen »Zeitraum zur Umkehr« zwischen der angeblich höchst gefährdeten Gegenwart und den bei korrekturlosem »Weiter-So« nach ihren »Simulationen« zu erwartenden künftigen Sturm-, Flut-, Dürre-, Hitze- und Kältekatastrophen. Diese lesen sie aus ihren auf Katastrophe geschliffenen Glaskugeln und nennen sie heute »Klimamodelle«.

Diese Form der Wahrsagerei kenne ich aus eigener wissenschaftlicher Arbeit zu gut, um sie noch ernst nehmen zu können. Simulations- und Prognosemodelle bestehen aus einer großen Anzahl nicht linearer und interdependenter, das heißt nur gleichzeitig (simultan) lösbarer Gleichungen. Zur Festlegung der Beziehungen zwischen den einzelnen Variablen müssen möglichst realistische Parameter vorgegeben werden. Damit liegt das Kind im Brunnen. Diese Parametervorgaben stehen in keinem Buch, sie fallen auch nicht vom Himmel. Sondern sie müssen Parameter für Parameter geschätzt werden.

Den Rest kannst Du Dir denken, liebe Sophia!

In unzähligen Modellläufen werden die wesentlichen Parameter wieder und wieder so lange angepasst, verändert und korrigiert, bis das Modell solche Ergebnisse liefert, die von den Modellbauern als »plausibel« betrachtet werden.

Die ganze Rechnerei ist eine riesige Show, um die Wahrheit in Datenfriedhöfen zu begraben. Die Wahrheit lautet ganz einfach: Die Modelle liefern genau die Ergebnisse, die sie nach dem Willen der Modellautoren liefern sollen.

Im Kern bestehen die Klimamodelle aus nur zwei Befehlen: »Read Input, Write Output«

Auf die Grenzen der Klimamodelle hat der Weltklimarat bereits in seinem dritten Sachstandsbericht im Jahr 2001 hingewiesen. Völlig zu Recht wird betont, dass es sich bei Klimamodellen um interdependente und nicht-lineare »Abbildungen« des stets und ständig chaotischen Systems »Wetter« handele. Es sei unmöglich, längerfristige Vorhersagen von Wetter- oder sogar Klimazuständen zu liefern. Äußerst kritikwürdig ist allerdings das anhaltende Gebaren des Weltklimarats. Entgegen seiner eigenen Modellbewertung setzt er die Ergebnisse von Modellrechnungen wieder und wieder ein, um seine Grundposition drohender Klimakrisen zu stützen. Dass er die Rechnungsergebnisse seit einiger Zeit nicht mehr Prognosen, sondern Szenarien nennt, ist reine Augenwischerei.

Wissenschaftliche Aussagen müssen nachvollziehbar und belegbar sein

Nach diesem strapaziösen Ausflug in das unerquickliche Gebiet der sogenannten »Klimafolgen-Vorhersagen« wollen wir uns wieder auf festeren Grund begeben. Wir wollen allen Szenarien, Prognosen und Prophetien zu bevorstehenden Klimakatastrophen so lange den Rücken zukehren, bis sie wenigstens die Grundvoraussetzung wissenschaftlicher Mindeststandards erfüllen.

Alles Übrige gehört in die Welt des Glaubens, zu der wir gelernt haben:

»Ich glaube« heißt: »Ich weiß nicht.«

Vielleicht achtest Du bei Deinen Gesprächen mit Freunden und Bekannten oder auch bei Diskussionen im Fernsehen einmal darauf, wie übermäßig oft die Floskel gebraucht wird: »Ich glaube ...« Dann ersetze für Dich und nur in Gedanken diese Floskel durch das, was eigentlich gesagt wird, nämlich: »Ich weiß nicht ...« Du wirst ein kleines Wunder erleben. Aufgeplusterte inhaltsleere Sprechblasen fallen in sich zusammen zu banalen Selbstverständlichkeiten. Die Welt wird um ein Vielfaches einfacher und übersichtlicher, wenn jeder sich darauf beschränkt, sein Wissen kundzutun und Nichtwissen nicht mit blödsinnigen Glaubensfloskeln notdürftig zu kaschieren.

Der vernunftbestimmte Abschied von der Klimahysterie wird erleichtert durch zunehmende Banalisierung gepaart mit unkritischem Populismus.

Selbst das einstmals renommierte Weltwirtschaftsforum in Davos ist dazu übergegangen, argumentative Seriosität durch beifallheischende Infantilisierung zu ersetzen. Zunächst hat man dort auf der Grundlage einer simplen Fragebogen-Befragung von etwa eintausend »Führungskräften« einen »Risikobericht« erstellt, der nach sämtlichen auch nur halbwegs ernst zu nehmenden Anforderungen an seriöse und sachgerechte Demoskopie das Papier nicht wert ist, auf dem er steht. Anschließend wurde es in diesem Jahr einer autistischen, angstbesessenen sechzehnjährigen Schülerin aus Schweden überlassen, vor der Elite aus Wirtschaft und Politik die furchtbare Klimazukunft zu präsentieren.

Die Sonne scheint auf die Gerechten und die Ungerechten

Wann und wo sie wie lange scheinen wird und wie viel Licht, Wärme und zugehörigen Regen sie unserer sonst eiskalt erstarrenden Erde schenken wird, mag und wird die Zeit erweisen, begleitet von hoch spannender künftiger Forschung. Beispielsweise wird die NASA-Raumsonde »Parker Solar Probe« wichtige Daten liefern. Sie wurde 2018 gestartet und soll endlich das Rätsel der solaren Koronaheizung lösen. Als erstes menschengemachtes Gefährt überhaupt wird sie der

Sonnenoberfläche bis auf 6,2 Millionen Kilometer nahe kommen und damit weit in die Sonnenkorona eintauchen. Dadurch kann sie die Vorgänge in der Korona dort beobachten und messen, wo sie tatsächlich stattfinden.

Die Raumsonde wird die Sonne im Laufe der nächsten sieben Jahre mindestens 24-mal auf elliptischen Orbits umrunden und sich ihr dabei immer stärker annähern. Dabei handelt es sich um ein atemberaubendes Unterfangen. Die Sonne besitzt neben ihrem heißen Kern eine zweite Hitzezone, die solare Korona. Diese ist mehr als 200-mal heißer als die Sonnenoberfläche und gibt deshalb größte Rätsel auf. Noch rätselhafter ist, dass die Temperatur in der unteren Korona innerhalb von nur wenigen Hundert Höhenkilometern um rund eine Million Kelvin zunimmt. Ein solcher Temperaturverlauf widerspricht jedem physikalischen Verständnis. Denn das wäre so, als würde es in einem beheizten Raum mit zunehmendem Abstand von der Heizung immer wärmer. Wo also sitzt die Heizung für die Millionen Grad heiße Sonnenkorona? Über diese Frage grübeln und diskutieren die Astrophysiker seit Jahrzehnten. Weil das zweite Gesetz der Thermodynamik einen Wärmefluss vom Kühleren zum Wärmeren verbietet, kann die Hitze der Korona nicht direkt von der Sonnenoberfläche kommen. Sie muss in der Korona selbst entstehen. Aber wie? Vielleicht werden Ergebnisse gefunden, die auch für die Erdwärme und deren Entwicklung erhellend sein werden.

Warten wir also ab und lassen wir uns nicht in den Sog engstirniger Untergangsphantastereien ziehen. Die Geschichte der Menschheit ist voller Beispiele für Untergangspropheten und Untergangsprophezeiungen. Ihnen ist sämtlich ein Merkmal gemeinsam:
Irrwitzige Selbstüberschätzung bei gleichzeitig die Grenze zur Verblödung überschreitender Ignoranz gegenüber der Komplexität und den Selbstregulierungskräften allen Lebens.

Sophia = Weisheit heißt frei übersetzt:
Sapere aude – Wage zu wissen!

Anhang

Vom Menschen verursachte Erderwärmung?

- Zur Uneinigkeit innerhalb der weltweiten Klimaforschung -

Auch der Unbedarfteste, der nach Beweisen fragt für die These einer globalen Erderwärmung, die aus menschenverursachten CO_2-Emissionen resultiert, hört stets die gleiche, »so einfache« Antwort:

»Darüber herrscht Einigkeit innerhalb der überwältigenden Mehrheit der weltweiten Klimaforscher.«

Diese Antwort ist falsch!
Um das zu erkennen, ist zu trennen zwischen »Grund« und »Maß«.

CO_2 als Erwärmungsgrund

CO_2 ist ein für den Menschen ungiftiges Spurengas, dessen Anteil an der Atmosphäre etwa 0,04 Volumen-Prozent beträgt und das etwa eineinhalb mal so schwer ist wie die Luft.

CO_2 zirkuliert ständig und in erheblichem Umfang zwischen Luft, Erde und Wasser. C Das in der Luft befindliche CO_2-Gas ist nach den Gesetzen der Quantenmechanik Infrarot aktiv. Es absorbiert einen Teil der von der Sonne kommenden, unsichtbaren Wärmestrahlung (Infrarotstrahlung) und lässt die sichtbare kurzwelligere Strahlung passieren. CO_2-Moleküle, die infrarote Sonnenstrahlung absorbieren, werden energetisch angeregt, ihre kinetische Energie nimmt zu. Von dem Teil der Sonnenstrahlung, der beim Einfall aus dem Weltall nicht absorbiert wird, wird wiederum ein Teil von der Oberfläche der Erde zunächst absorbiert und dann als langwellige Infrarotstrahlung in die Atmosphäre zurück gestrahlt, um dort nunmehr von einigen Spurengasen teilweise absorbiert und etwa zur Hälfte zur Erde zurück gestrahlt zu werden. Für diesen Prozess hat sich - physikalisch nicht korrekt, denn in einem Treibhaus herrschen andere physikalische Gesetze als in der erdnahen Atmosphäre) - der Begriff »Treibhauseffekt« eingebürgert.

Wer das aus seiner Infrarotaktivität resultierende »Treibhauspotential« des CO_2 grundsätzlich leugnet, mag als »Leugner« der anthropogenen globalen Erderwärmung (AGW) bezeichnet werden.

Alle Übrigen müssen so lange entweder als »Skeptiker« oder aber als »Gläubige« gelten, wie der den Bedingungen wissenschaftlicher Beweispflicht genügende AGW-Beweis nicht erbracht ist.*

Ausmaß der Erwärmungswirkung des anthropogenen CO_2 in der Wetterwirklichkeit

Die qualitative Aussage: »Anthropogenes CO_2 hat einen Erwärmungseffekt« ist inhaltsleer. Um sie mit Inhalt zu füllen, muss sie quantifiziert werden:

In welchem Ausmaß bewirkt CO_2, das von Menschen verursacht in die Atmosphäre gelangt, unter den höchst komplexen Bedingungen und Wechselwirkungen der Wetter-Wirklichkeit eine Erwärmung der bodennahen Luft?

Das AGW muss quantifiziert werden. Einer bestimmten Menge von menschenverursachtem CO_2 müssen die dieser Menge unter genau definierten Bedingungen (Erdwärme, Gas-Mix der Erdatmosphäre etc.) zuzurechnenden Erwärmungsgrade zugeordnet werden. Nur wenn die Beziehung zwischen zusätzlichem anthropogenem CO_2 einerseits und globaler Erderwärmung andererseits quantifiziert ist, gibt es überhaupt eine rationale Grundlage für:

---

*Fußnote: Soweit meteorologische Sachverhalte und Vorgänge gemeint sind, die die gesamte Erde betreffen, sollte »Klima« als Begriff unbedingt vermieden werden. »Erd-Klima-Wandel«, »Klimawandel«, »Klimakrise«, »Klimakatastrophe«, »Klimaskeptiker«, »Klimaleugner« sind sinnlose Begriffe. Es gibt kein »Erd-Klima«. »Klima« beinhaltet neben »Temperatur« zusätzlich unter anderem »Niederschlag« (nach Art und Menge im Jahresverlauf) sowie »Wind« (nach Stärke (Geschwindigkeit) und Richtung im Jahresverlauf). Diese Größen sind sinnvoll nur in Verbindung mit geographischen Räumen, auf die sie sich beziehen. Auf der Erde gibt es Gebiete, Regionen oder Zonen, die ein »Klima« haben und deren »Klima« sich wandeln kann. Aber dieser Wandel des Klimas einer bestimmten Region ist nicht gemeint, wenn von »Klimawandel« oder »Klimakrise« gesprochen wird. Dabei geht es stets um »Wärme« oder »Erwärmung«.

»Anthropogene Erderwärmung« oder *»Erwärmungsbegrenzung durch CO_2-Emissionsbegrenzung«*

Nur unter dieser Voraussetzung kann zum Beispiel das CO_2-Restbudget bestimmt, also die zentrale AGW-Frage beantwortet werden:

Wie viel CO_2 darf die gesamte Menschheit weltweit noch emittieren, ohne dass die globale Erderwärmung über die in Paris zugestandenen etwa 0,5 Grad Celsius ab 2016 hinausgehen wird?

Einigkeit über dieses Restbudget setzt Einigkeit voraus, dass über die quantitative Verknüpfung zwischen künftigem anthropogenem CO_2 (z. B. in Gigatonnen) und künftiger Erderwärmung (z. B. in Zehntel Grad Celsius).

Im Umkehrschluss bedeutet Uneinigkeit über das Restbudget zwingend Uneinigkeit über AGW: Je geringer das Restbudget angesetzt wird, desto größer ist der dem anthropogenen CO_2 für die Zukunft zugemessene Erwärmungsbeitrag, und umgekehrt. Wie steht es innerhalb der etablierten Klimaforschung um die Einigkeit über das der Menschheit noch verbleibende CO_2-Restbudget?

Die Antwort ist ernüchternd: Es herrscht enorme Uneinigkeit; - und entsprechend herrscht Streit.

Ein einziges Zitat aus einer Spiegel-Online-Analyse vom 5.10.2018 zum CO_2-Restbudget reicht als Beleg: Stefan Rahmstorf vom Potsdam-Institut für Klimafolgenforschung (PIK) beschreibt dort den globalen Dissens zur Bedeutung des anthropogenen CO_2 für die künftige globale Erwärmung wie folgt:

»Es gibt große Unsicherheiten über das Budget. Je nach Rechenmodell und den gemachten Annahmen liegt das Budget zum Erreichen der Pariser Klimaziele zwischen 150 und 1050 Gigatonnen.« (Holger Dambek: »CO_2-Budget der Menschheit«, Spiegel-Online, 5.10.2018)

Mit anderen Worten:

Innerhalb der unter dem Dach des IPCC versammelten etablierten Klimaforschung variiert die dem anthropogenen CO_2 für die Zukunft zugeschriebene Erd-Erwärmungswirkung um siebenhundert Prozent (Faktor sieben).

Um das Ausmaß der Uneinigkeit innerhalb der vorgeblich in überwältigender Mehrheit völlig einigen Klimaforschung zu verdeutlichen, mag ein kleines Beispiel genügen:

Der Bauherr eines neuen Hauses erhält von zwei anerkannten Heizungsinstallateuren je ein Angebot über die nach deren Berechnung für eine gute Beheizung erforderliche Installation von Heizkörpern gleichen Fabrikates. Als er die Gesamtzahl der vorgeschlagenen Heizrippen aufaddiert, liegt diese beim 1. Angebot bei 150 und beim 2. Angebot bei 1050, also dem Siebenfachen des 1. Angebotes...

Für das im IPCC maßgeblich vertretene PIK selber reklamiert Rahmstorf, ebenfalls lt. Spiegel-Online, ein Restbudget von 600 Gigatonnen.

Einen Tag später, im »Spiegel« vom 6. Oktober 2018 kündigt Prof. Jochem Marotzke, Direktor am Max-Planck-Institut für Meteorologie in Hamburg und einer der Leitautoren des Weltklimarats (IPCC) an, der Weltklimarat werde zur Erreichung des 1,5-Grad-Erwärmungszieles den Höchstwert für das CO_2-Restbudget gegenüber den bisherigen Vorgaben auf etwa 1000 Gigatonnen mindestens verdoppeln. Dies bedeutet im Klartext, dass allein zwischen nur zwei maßgeblichen deutschen Klimaforschern ein AGW-Dissens von 66,7 Prozent besteht: Das PIK veranschlagt den Erwärmungsbeitrag des anthropogenen CO_2 1,67 mal so hoch wie das benachbarte MPI für Meteorologie in Hamburg.

Derart können wir fortfahren, Dissens in der etablierten Klimaforschung aufzuzeigen. In der anerkannten Fachliteratur findet man klimawissenschaftlich begründete Fürsprache für fast jedes CO_2-Restbudget innerhalb der von Rahmstorf genannten Grenzen von 150 Gigatonnen und 1.050 Gigatonnen, d. h. innerhalb einer Spannweite von 700 Prozent. (vgl. Holger Dambek: »CO_2-Budget der Menschheit«, Spiegel-Online, 5.10.2018).

Richard Millar von der Oxford University hat im Fachblatt »Nature Geoscience« das Restbudget ab 2018 laut neuer Berechnungen von bisher 200 Gigatonnen mal eben auf weitere 800 Gigatonnen vervierfacht, seine quantitative Einschätzung des anthropogenen CO_2-Erwärmungsbeitrages demnach geviertelt.

Eine andere Forschergruppe dagegen plädiert im Fachblatt »Nature« für ein verbleibendes CO_2-Budget von 600 Gigatonnen. Dieses gegenüber der Millar-Studie um 200 Gigatonnen geringere CO_2-Restbudget soll die Erwärmung mit nur 50-prozentiger Wahrscheinlichkeit auf 1,5 Grad begrenzen. Auch für Rest-Budgets weit über 1000 Gigatonnen gibt es klimawissenschaftlich anerkannte Fürsprecher.

Ebenso für die These, dass es überhaupt keines CO_2-Rest-Budgets bedarf, da der Zusammenhang zwischen tatsächlicher Erdwärme und anthropogenem CO_2 vernachlässigbar gering sei. Bereits 2012 schrieben M. Beenstock u. a. in einer umfangreichen und mehrfach geprüften Studie:

»Die Tatsache, dass seit der Mitte des 19. Jahrhunderts die Erdtemperatur in keinem Zusammenhang mit anthropogenen Einflüssen steht, verstößt nicht gegen die Gesetze der Thermodynamik, der Quantentheorie oder irgendeiner anderen physikalischen Theorie.

Angesichts der Komplexität des Erdklimas und unseres unvollständigen Verständnisses des Klimaprozesses ist es schwierig, Kohlenstoffemissionen und anderen anthropogenen Phänomenen die Hauptursache für die globale Erwärmung im 20. Jahrhundert zu geben. Dies ist kein Urteil über Physik, sondern ein Urteil über die Interpretation der vorliegenden Daten…

Wir haben gezeigt, dass anthropogene Erwärmungsbeschleuniger nicht polynomial kointegrieren mit der globalen Temperatur und der Sonneneinstrahlung.

Daher unterstützen die Daten für 1880-2007 nicht die These einer anthropogenen globalen Erwärmung in diesem Zeitraum.« (M. Beenstock et al.: Polynomial cointegration tests of anthropogenic impact on global warming, www.earth-syst-dynam.net/3/173/2012)

Wem diese Aussagen und erst recht die zugrunde liegende, mit Zahlen und Gleichungen über mehrere Druckseiten bestückte Arbeit zu mathematisch und zu komplex sind, muss zur Kenntnis nehmen, dass »Komplexität« bis zur Unverständlichkeit Merkmal aller ernsthaften Arbeiten zur »Anthropogenen Globalen Erwärmung« (AGW) ist; und auch sein muss, angesichts des überaus komplizierten Sachverhaltes, um den es geht: »Wetter und Klima Weltweit.«

Zusammenfassend ist zu sagen: Die etablierte Klimaforschung ist in der AGW-Frage in höchstem Maße uneins. Wer »Klimaskeptiker« oder gar »Klimaleugner« sucht, braucht die etablierte Klimawissenschaft nicht zu verlassen. Die Positionen reichen von »kein Zusammenhang zwischen anthropogenem CO_2 und Erderwärmung« bis zu »sehr enger und exakt quantifizierbarer Zusammenhang zwischen anthropogenem CO_2 und Erderwärmung«.

Die Uneinigkeit resultiert aus Unterschieden in den wissenschaftlichen Arbeiten und Forschungsergebnissen zu erwärmungsrelevanten Fragen jenseits der allseits ak- zeptierten Eigenschaft des Spurengases Kohlenstoff-Dioxid (CO_2) als eines Infrarot aktiven Gases mit grundsätzlichem Erwärmungspotential. Sie betreffen zum Beispiel:

- den Anteil des anthropogenen CO_2 am gesamten CO_2- Gehalt der Atmosphäre
- den Verbleib des anthropogenen CO_2 in der Atmosphäre nach Menge und Zeit
- den Strahlungsaustausch der erdnahen Atmosphäre (IR-aktive Gase wie CO_2 und IR-erzeugende Wolken (Aerosole))
- die Wechselwirkungen zwischen primärem anthropogenem CO_2-Erwärmungseffekt, Meeres-Temperatur, Verdunstung, Wolkenbildung und deren Beitrag zu Erwärmung versus Abkühlung
- die konzentrations- und temperaturabhängigen Veränderungen der Wechselwirkungen zwischen CO_2 und weiteren Treibhausgasen (z. B. Wasserdampf, Methan)
- die Bedeutung des Lambert-Beerschen Gesetzes der abnehmenden Aufnahmefähigkeit der atmosphärischen Spurengase in den Strahlungsbanden

Diese Beispiele sind vorsichtige Hinweise auf die kaum zu überschätzenden Erkenntnis-Schwierigkeiten, die dann auftreten, wenn man das »Labor der theoretischen Physik« verlässt und sich in die weite Welt des weltweiten Wetters begibt.

Nur wer diese Schwierigkeiten negiert oder nicht wenigstens ansatzweise in ihrer riesigen Dimension erfasst, wird den »Mut« oder die »Dummheit« aufbringen, wissenschaftliche Einigkeit und Übereinstimmung auf dem nahezu unendlich komplexen Gebiet der Wetter- und in deren Gefolge der Klimaforschung zu unterstellen.

So lange die Gebote der naturwissenschaftlichen Beweispflicht im Sinne eindeutig belegbarer und wiederholbarer Ergebnisse nicht erfüllt sind, ist es Aufgabe der Wissenschaft zu fragen, zu zweifeln und auch zu streiten.

Der wissenschaftliche Streit muss ohne wenn und aber bis zum eindeutigen Ende beleg- und nachvollziehbarer Ergebnisse ausgetragen werden. Wissenschaftlicher Streit darf niemals dadurch umgangen werden, dass er, aus welchen Gründen auch immer, aus der Wissenschaft in die Politik getragen und dort auf dem Wege der Verhandlung durch »Kompromisse«, also willkürlich verkleistert wird.

Diese Umgehung wurde im IPCC nach Struktur wie Verfahrensweise zum Prinzip erhoben. Wissenschaftlichen Dissens durch politisch dramatisierte Kompromisse zu verkleistern hat sich dort als alltägliche Praxis und mit verheerenden Folgen eingebürgert. Bereits 1999 gab Prof. Stephen Schneider, IPCC-Leit-Autor die Aufgabe zur Dramatisierung vor:

»Deshalb müssen wir Schrecken einjagende Szenarien ankündigen, vereinfachende, dramatische Statements machen und irgendwelche Zweifel, die wir haben mögen, wenig erwähnen. Um Aufmerksamkeit zu erregen, brauchen wir dramatische Statements und keine Zweifel am Gesagten. Jeder von uns Forschern muss entscheiden, wie weit er eher ehrlich oder eher effektiv sein will.« (Bachmann, H.: Die Lüge von der Klima-Katastrophe, 4.Aufl., Frieling-Vlg. Berlin, 2008, S.9)

Aber der Kleister wird brüchig. Die innerwissenschaftliche Uneinigkeit und der Drang zu Drama und Katastrophe treten zutage. Angesprochen auf die politische Wirkung der bevorstehenden Verdoppelung des CO_2-Restbudgets, also der AGW-Halbierung durch den IPCC bekannte Prof. Marotzke im o. a. Spiegel-Interview:

»Einige von meinen Kollegen machen sich deshalb schon Sorgen, dass dies falsch ankommt. Wenn sich das herumspricht, so ihre Befürchtung, legen alle wieder die Hände in den Schoß.«

Mit anderen Worten: Die klimawissenschaftliche Wahrheit steht beim IPCC stets in Konkurrenz zu politischer Opportunität und Dramatisierung. Ein Blick auf die nach ähnlichem Rezept - allerdings noch krankhaft gesteigert - agierende 16-jährige schwedische Klimaaktivistin Greta Thunberg zeigt, wie »weit« man es inzwischen mit sach- und faktenferner Krisen- und Katastrophenpredigt in der ohnehin fast religiös aufgeheizten Klimadebatte bringen kann.

Versteht man die einschlägigen AGW-Aussagen des IPCC als »Motiv-Motor« zum Antrieb der Politik der CO_2-Vermeidung und Dekarbonisierung, so wird klar:

- dieser Motor hat noch nicht einen einzigen Testlauf erfolgreich absolviert
- die Konstruktionspläne und Berechnungen können nach Ansicht einer wachsenden Zahl von ausgewiesenen Ingenieuren niemals zu einem funktionierenden Motor führen.

Angesichts der riesigen energiepolitischen, wirtschaftlichen, verkehrspolitischen, gesellschafts- und sozialpolitischen sowie umweltpolitischen Dimension des Projektes »Dekabrbonisierung« ist die Tatsache ein Skandal, dass bis heute jeder ernsthafte Versuch fehlt, die AGW-These experimentell zu überprüfen und abzusichern. Wie soll man verstehen, dass für experimentelle physikalische Grundlagenforschung, beispielsweise für den Bau und Betrieb von Teilchenbeschleunigern Milliarden aufgewendet werden, während die AGW-Debatte im Sumpf höchst spekulativer »Modell-Szenarien« vermengt mit politischer Dramatisierung verkommt? Die Antwort kann auf jeden Fall nicht lauten, dass AGW experimentell grundsätzlich nicht zu erforschen sei. (vgl.: Michael Schnell, Experimentelle Verifikation des Treibhauseffektes, Eike)

www.ingramcontent.com/pod-product-compliance
Lightning Source LLC
Chambersburg PA
CBHW030456220526
45464CB00006B/2557